走近新科学

航　天

主　编：于今昌
撰　稿：于　洋　岳　玲
　　　　王明强　高　天
　　　　叶　航

吉林出版集团股份有限公司
全国百佳图书出版单位

图书在版编目(CIP)数据

航天 / 于今昌主编. -- 2 版. -- 长春：吉林出版集团股份有限公司, 2011.7（2024.4 重印）

ISBN 978-7-5463-5741-6

Ⅰ.①航… Ⅱ.①于… Ⅲ.①航天-青年读物②航天-少年读物 Ⅳ.①V4-49

中国版本图书馆 CIP 数据核字(2011)第 136910 号

航天 Hangtian

主　　编	于今昌	
策　　划	曹　恒	
责任编辑	李柏萱	
出版发行	吉林出版集团股份有限公司	
印　　刷	三河市金兆印刷装订有限公司	
版　　次	2011 年 12 月第 2 版	
印　　次	2024 年 4 月第 7 次印刷	
开　　本	889mm×1230mm 1/16　印张 9.5　字数 100 千	
书　　号	ISBN 978-7-5463-5741-6	定价 45.00 元
公司地址	吉林省长春市福祉大路 5788 号	邮编 130000
电　　话	0431-81629968	
电子邮箱	11915286@qq.com	

编者的话

科学是没有止境的，学习科学知识的道路更是没有止境的。作为出版者，把精美的精神食粮奉献给广大读者是我们的责任与义务。

吉林出版集团股份有限公司推出的这套《走进新科学》丛书，共十二本，内容广泛。包括宇宙、航天、地球、海洋、生命、生物工程、交通、能源、自然资源、环境、电子、计算机等多个学科。该丛书是由各个学科的专家、学者和科普作家合力编撰的，他们在总结前人经验的基础上，对各学科知识进行了严格的、系统的分类，再从数以千万计的资料中选择新的、科学的、准确的诠释，用简明易懂、生动有趣的语言表述出来，并配上读者喜闻乐见的卡通漫画，从一个全新的角度解读，使读者从中体会到获得知识的乐趣。

人类在不断地进步，科学在迅猛地发展，未来的社会更是一个知识的社会。一个自主自强的民族是和先进的科学技术分不开的，在读者中普及科学知识，并把它运用到实践中去，以我们不懈的努力造就一批杰出的科技人才，奉献于国家、奉献于社会，这是我们追求的目标，也是我们努力工作的动力。

在此感谢参与编撰这套丛书的专家、学者和科普作家。同时，希望更多的专家、学者、科普作家和广大读者对此套丛书提出宝贵的意见，以便再版时加以修改。

目　录

敲开"天堂"的大门/2

进行宇宙航行/3

运载火箭/4

降低火箭的温度/5

多级火箭怕冷/6

多级火箭披盔甲/7

多级火箭的燃料/8

火箭的液体燃料/9

一箭送三星/10

电火箭/11

电火箭的用途/12

研制原子火箭/13

太阳光帆/14

太阳光帆的用途/15

发射人造卫星/16

卫星轨道/17

为人造卫星控温/18

给卫星插上"翅膀"/19

选择卫星发射场/20

同步卫星入轨/21

实现卫星同步/22

卫星通信的优点/23

卫星通信的"死角"/24

卫星坐航天飞机/25

通信卫星的寿命/26

拥挤的卫星轨道/27

同步卫星葬身处/28

发射广播卫星/29

施放气象卫星/30

争夺太空摄影权/31

云图预报传染病/32

太空天气预报/33

卫星发来臭氧图/34

地球资源卫星/35

预警卫星/36

雷达卫星/37

军事侦察卫星/38

侦察卫星/39

照相侦察卫星/40

军事星/41

海洋卫星/42

海事卫星/43

红外天文卫星/44

火车避撞卫星/45

卫星导航/46

遥感卫星/47

系绳卫星/48

太阳能动力卫星/49

极地卫星/50

卫星的原子能电站/51

卫星的回收/52

利用卫星揭谜/53

太空放射性尘埃/54

星载粒子束武器/55

卫星预报地震/56

"空间农艺师"/57

卫星支援农业/58

截击军用卫星/59

激光束反卫星/60

人类到太空去的重重困难/61

把莱伊卡送上太空/62

宇宙飞船返回/63

开辟通天路/64

载人航天过三关/65

宇宙飞船的"衣服"/66

卫星式载人飞船/67

圆了千年飞天梦/68

"神六"更神/69

人类登上月球/70

宇航员在月球上/71

登月并不顺利/72

几人探访过月球/73

没有空气的月球/74

月球上的重力环境/75

苏联人错过了登月时机/76

月球上的核原料/77

欧洲人的登月计划/78

"嫦娥"奔月/79

在月球上生活/80

航天飞机/81

航天飞机的优点/82

航天飞机的"盔甲"/83

航天飞机防热瓦/84

宇航发射场/85

航天飞机的任务/86

太空行走/87

摘下天上的"星星"/88

给卫星看病/89

一天看16次日出/90

从太空看地球/91

"挑战者"号/92

宇宙射线与航天/93

太空垃圾/94

太空垃圾坠地/95

太空垃圾十分危险/96

太空垃圾的清除/97

太空核废料场/98
飞船也能诱发闪电/99
宇宙航行与人工环境/100
降落计划不一样/101
小型航天飞机/102
设计"离子土壤"/103
植物在太空生长/104
液滴动力实验/105
发展载人航天/106
研制空天飞机/107
铯铷是宇航珍金/108
穿透"铜墙铁壁"/109
航天母舰/110
建造空间平台/111
空间平台与空间站的区别/112
发射天空实验室/113
天空实验室任务/114
发射载人轨道站/115
"和平"号空间站/116
滞空最长纪录/117
"和平"号坠落/118
建造国际空间站/119
国际空间站用途/120
救生飞船/121

建设航天港/122
宇航员的选拔/123
零重力人体反应/124
建造人造"天堂"/125
宇航员的安全/126
必须穿戴宇航服/127
太空服安全保障/128
宇航员生理变化/129
宇航员付出的代价/130
宇航员太空生活/131
进入太空长高了/132
宇航员血液减少了/133
在太空生儿育女/134
宇航员也会遭遇意外/135
宇航员体育锻炼/136
在太空食而无味/137
空间生命科学/138
宇宙飞行机器人/139
太空高真空环境/140

敲开"天堂"的大门

　　人们常用"比登天还难"来形容一件很难办，甚至办不到的事。连唐代大诗人李白面对举步维艰的蜀道，也发出了"蜀道之难，难于上青天"的慨叹。然而，伴随现代科学技术的飞速发展，特别是火箭的发明与利用，人类居然敲开了"天堂"的大门，实现了梦寐以求的登天的理想。那么，人类是怎样借助火箭敲开"天堂"的大门，登上天的呢?人类要想乘坐火箭冲出地球，飞向宇宙，必须闯过三关。

　　第一关：我们把一个铁球抛向天空，地心引力会把它毫不费力地拉回地面。要想使铁球不降落回来，就要摆脱地心引力。300多年前，牛顿从理论上计算出，当速度达到每秒7.91千米时，铁球就可以克服地球引力成为绕地球转动的一个卫星，遨游天空。每秒7.91千米的速度，被科学家叫作"第一宇宙速度"。

　　第二关：继续加大铁球的运动速度，使其增大到每秒11.2千米时，这个铁球就不再绕地球转圈圈了，它会摆脱地心引力而沿着抛物线方向飞出地球。每秒11.2千米的速度，就是"第二宇宙速度"。

　　第三关：倘若将铁球的运动速度加大到每秒16.7千米时，它就能摆脱太阳系的引力场，沿着双曲线轨道飞出太阳系，真正开始宇宙飞行。每秒16.7千米的速度，就是"第三宇宙速度"。

进行宇宙航行

我们知道，一般的交通工具是利用某一物体的反作用力前进的。汽车利用地面对轮胎的反作用力；轮船利用水对桨叶的反作用力；螺旋桨飞机利用空气对螺旋桨的反作用力。而火箭是依靠自己喷出的气体所产生的反作用力前进。它带有燃料、氧化剂，不用空气助燃，完全可以在真空里飞行。所以，只有火箭适合作宇宙航行的工具。

但是，把火箭实际应用于宇宙航行并不容易，人们花了50多年的时间，于1957年发射了世界上第一颗人造卫星，拉开了人类飞出地球进行宇宙航行的帷幕。这是因为需要解决推进剂和火箭的速度问题。推进剂包括燃料和氧化剂。火箭是依靠推进剂燃烧喷出燃气产生反作用力而前进的，因此燃料就必须具有能量高、重量轻、体积小的特点。

火箭要达到每秒7.9千米或11.2千米的高速度，靠一支火箭所携带的推进剂是根本不可能的。科学家们进而提出了"接力赛"的办法，于是多级火箭便应运而生了。

运载火箭

我国宋代就出现了用火药喷射的火箭,明朝发展成火箭笼,一下可以发射 100 支火箭,那已经是原始的两级火箭了。在距今 600 多年前的 14 世纪末期,我国有个名叫"万虎"的官员,曾想把 47 支火箭同时点着,加上风筝上升力量想飞往天空。虽然这次实验没有成功,但是这是世界上最早的火箭飞行试验。

如今,世界上的火箭千姿百态,种类繁多。按射程可分为近程(1000 千米以下)、中程(1000～1500 千米)、远程(5000～10000 千米)、洲际(10000 千米以上)。运载火箭就是用火箭把测试器、人造卫星或宇宙飞船等发射到太空去,或火箭上装上核弹头制成洲际导弹,也可以把核弹头发射到很远的目标。火箭成了运载工具,所以也称这种火箭为"运载火箭"。

现代运载火箭,结构庞大,"身材"魁梧,竖立在高大的发射塔架旁,高耸入云。一枚三级运载火箭,有几十万个零件,直径粗达 5 米以上,长 80 多米,算起来有 18 层楼那么高。1979 年 12 月,法国、德国、英国、比利时、西班牙等 10 个西方国家联合发射的"阿丽亚娜"火箭,是欧洲航天局制造的,这是重型三级运载火箭,高 47.7 米,重 200 多吨,火箭的推力为 245 吨。

降低火箭的温度

多级火箭怕高温,那么,怎样才能降低飞行时候的温度呢?

首先从多级火箭的外形上想办法。我们知道,船的头部是尖的,这样可以减少水的阻力;飞机的头部也是尖的,这样可以减少空气的阻力。多级火箭的头部做得太尖没有好处,因为又尖又细的头特别容易熔化和烧坏,所以火箭的头应该做得钝一些。

多级火箭飞行的时候,不仅外壳的温度会升得很高,动力装置内部的温度也很高,燃料燃烧的时候产生大量的热,使气体的温度达到2000℃～3000℃,燃烧室喷管必须经得住这样的高温。所以人们除了用耐高温的材料来制造燃烧室和喷管外,也要想办法降低它们的温度。人们想出了两种很巧妙的降温办法:

一是人们把燃烧室和喷管做成双层的,内、外两层之间有空隙,让燃料从燃料箱流入燃烧室之前先到夹层里去转一转。燃料经过夹层的时候,就从内壁吸走了一部分热量,这样既降低了内壁的温度,又提高了燃料的温度,一举两得。

二是人们在燃烧室和喷管的内壁上钻了一排排极细的孔,夹层中的燃料不断渗入燃烧室和喷管,燃料受热就蒸发,吸走一部分热量,并且在内壁上形成一层气膜,不让高温气体同内壁直接接触,从而保证内壁的温度不致太高。

多级火箭怕冷

随着温度的不断变化,物质发生着巨大的变化,出现了许多神奇的现象。

在 −200℃的时候,橡皮口袋会硬得像一面铜锣;鸡蛋掉在地上,会像皮球一样弹跳起来;铁器会变得又酥又脆;焊锡会变成灰色粉末……

多级火箭不但怕热,也怕冷。多级火箭常常用液氧和液氢做燃料。液氧的温度是 −183℃,液氢的温度更低,是 −253℃。因此,多级火箭的燃料箱必须经得起严寒的考验。所以说,严寒也是多级火箭的大敌。倘若不知道严寒的厉害,糊里糊涂地用铁来做多级火箭的燃料箱,它一下子就冻酥了,多级火箭怎么能上天呢!于是,科学家研制成了一些比较不怕冷的特殊合金和一些特别不怕冷的塑料,来战胜寒冷。

科学家还用真空来隔绝寒冷。例如把燃料箱做成夹层的,像热水瓶的胆一样,这样一来,燃料箱内的液氢、液氧等燃料不会因为受热蒸发,损失太多,同时燃料箱外面的设备的温度也不至于降得太低,不会受到严寒而冻伤。

多级火箭披盔甲

我们都看见过流星,它在穿过大气层的时候,同空气发生剧烈的摩擦,温度不断地升高，最后就燃烧起来,流星中的铁、镍、钴等与氧气化合后,就变成了灰烬、氧化铁、氧化镍、氧化钴……同时发出一道雪亮的光。

多级火箭上升的时候,要穿过空气层,也会有同样的遭遇。钢到 1400℃ 会熔化,白金到 1700℃ 会熔化,钨到 3400℃ 会熔化,但它在空气中很容易烧毁。于是人们想到了合金。合金是用两种或两种以上的金属熔炼而成的新金属。合金的性质和原来的金属不同,有的会更加坚固,经得住更高的温度。有一种以金属镍为主要成分的耐高温合金,就具备这种性质。

做火箭盔甲——外壳用的材料要求在很高的温度下仍然很坚固,经得住很大的拉力和压力。一些材料尽管很难熔化,但是当温度上升到 1000℃ 的时候,就会变软。用这种材料做火箭和飞船的外壳,在高温下就会变形,甚至发生破裂。因此,即使用耐高温合金做外壳,温度也不允许超过 1000℃。所以,光靠寻找不易熔化的材料不是根本的办法,还应该想办法降低多级火箭和飞船外壳在飞行时候的温度。

多级火箭的燃料

对于多级火箭来说,什么样的燃料才算是好的呢?

第一,燃料的单位质量发热量要高。燃料的单位质量发热量越高,燃烧时产生的气体的温度就越高,它的体积膨胀就越厉害,从喷口喷出来的速度就越快,产生的反作用力也就越大,因而火箭上升的速度越快。第二,燃料的比重要大,即单位质量的体积要小。火箭用的燃料比重较大,燃料箱就可以做得小一些。整个多级火箭也就可以做得小一些,轻一些。第三,燃料要比较稳定。这就要求燃料本身不容易爆炸,它对燃料箱和动力装置的腐蚀性要小,燃烧的时候容易控制。

那么,什么样的燃料符合这些条件呢?我们知道,燃烧就是剧烈的氧化。燃烧的时候必须有能够氧化的东西(燃烧剂),也必须有供给氧的东西(氧化剂),火箭的燃料就是由燃烧剂和氧化剂组成的。所以火箭的燃料不需要空气中的氧气帮忙,在地球大气层的外面也能燃烧。这是为什么必须用火箭才能发射宇宙飞船的又一个道理。

火药的燃烧剂和氧化剂是全部混合在一起的,所以一点着就猛烈地燃烧起来,一刹那间就全部烧完了。固体燃料一般都有这样的缺点,所以不能用于多级火箭。现代的多级火箭都用液体燃料。

火箭的液体燃料

多级火箭最常用的液体燃料有煤油和液态氧，偏二甲肼和硝酸，还有汽油和液态四氧化二氮。这里煤油、偏二甲肼和汽油是燃烧剂，液氧、硝酸和四氧化二氮是氧化剂。这三组液体燃料的单位质量发热量都比火药高，喷气速度可以达到每秒钟 2600～2800 米，并且这些燃料容易制造，来源多，价钱比较便宜。

现代多级火箭也可以用液氢和液氧做燃料。液氢是液体化了的氢气，液氧是液体化了的氧气，其中液氢是燃烧剂，液氧是氧化剂。

液氢有很大的缺点。它的比重太小，只有水的 1/15 左右。用液氢做燃料，需要很大很大的燃料箱，这就增加了多级火箭的体积和重量。

但是，用液氢和液氧做燃料有许多好处，它们没有毒性，没有腐蚀性，来源多，并且燃烧的时候产生很大的热量，喷气速度可以达到每秒钟 4200 米，比普通燃料的喷气速度大，所以装同样重量的燃料，液氢液氧火箭比普通燃料所达到的速度大得多。此外，液氢和液氧相遇，容易燃烧，点火方便。

一箭送三星

1981 年 9 月 20 日，我国成功地用一枚运载火箭，把一组三颗空间物理探测卫星送入轨道。这样我国便成了继美国、苏联和法国之后，在世界上第四个掌握这种被人称为"一箭多星"的发射新技术的国家。

实现一箭多星，有两种方法。一种是把多颗人造卫星一次从运载工具中弹射出去。显然，被弹射出去的卫星差不多会在相同的轨道上运行。因此，只要在一枚运载工具上装入需要送上同一条轨道的多颗人造卫星就可以了。另一种是把多颗卫星分别送上不同的运行轨道。携带不同用途的多颗人造卫星的运载工具从地面起飞后，每到达一定高度就在控制系统的操纵下分离出一颗卫星。分离的卫星都会在由它分离时的高度和飞行速度所决定的轨道上运行。

我国这次发射的三颗人造卫星的运行轨道大致相同：距离地面最近点为 240 千米，最远点为 1610 千米；运行轨道所在平面与地球赤道平面间的夹角为 59.5 度，它们围绕地球飞行一圈的时间是 103 分钟。

这三颗人造卫星，装有 10 多台探测仪器，它们肩负着测量大气密度、高空磁场、地球一大气系统向外辐射的红外线和紫外线，高空环境中，质子和电子的数量及能量、太阳的 X 射线和紫外线等高空物理探测任务。

电火箭

电火箭和化学火箭不同，它发出助推力很小，只有几毫克、几克、几十克，最大的才几千克。这样小的推力与化学火箭产生的几百吨、几千吨的推力比起来，简直是微不足道的。显然用这样小的推力，从地面上把几百千克或者几吨、几十吨、几百吨重的各类航天器送入绕地球飞行的轨道，也是不可能的。因此，自1906年美国火箭专家戈达德提出电火箭的设想以来，很长一段时间没有引起人们足够的重视。直到20世纪60年代，随着人造地球卫星、载人飞船频频上天，人们才开始注意到电火箭非常适于在既没有大气，又处于失重的环境下长时间工作，所以各国又竞相开展这项研究工作了。

电火箭和化学火箭的工作原理不同。化学火箭利用推进剂的化学反应(燃烧或分解)产生燃气，再使燃气从喷管排出而产生推力。它的推力很大，但排气速度一般只有每秒3千～4千米。电火箭是借助电能使工质离解成为带电粒子，再通过加速这种带电粒子流束获得推力的。它的排气速度很高，每秒可达几十千米，几百千米，甚至更高。电火箭头电火箭的工质可以是固体(如太氟隆)、液体(如铯、水银)和气体(如氢、氩、氦)。按照其加速工质的不同方法，可以分为电热式、静电式和电磁式三种基本类型。

电火箭的用途

随着空间科学技术的发展，对推进系统提出了新的要求，如体积小、重量轻、控制精度高、工作时间长等。电火箭由于具有小推力、高比冲、长寿命、工作可靠等特点，正满足这些要求。从推进的角度看，电火箭的用途主要有两种情况：一是作为主推进，用于轨道的提升和远程空间探测；二是作为辅助推进，用于各种同步卫星的姿态及位置的控制。我们知道，同步卫星的特点之一，就是对地固定或称对地静止，所以又叫作"定点卫星"。但是，同步卫星在运行的过程中，由于经常受到外界因素的干扰，卫星的姿态和位置将会发生变化。所以它名为定点，对地静止，但并非绝对静止，而是围绕着固定点飘移，这样就会带来下面两个结果：

第一，由于卫星飘移可能使卫星之间互相干扰甚至碰撞，为了避免这一点，就要求提高卫星的控制精度，缩小卫星的飘移范围，电火箭恰巧具有这种能力，它可以使卫星精确定点到小于0.1度。

第二，由于卫星飘移使通信天线有可能改变对地面的定向方向，为了保持通信天线指向地面的最佳姿态，就要从地面控制站发出控制指令，启动电火箭，调整卫星的工作状态。

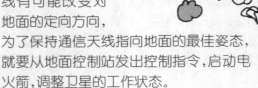

研制原子火箭

原子火箭是用原子能发动机来做动力装置的火箭。原子火箭是把原子反应堆放在火箭燃烧室的位置，用一种工作温度高、分子量小的气体流过反应堆，使它吸收反应堆放出的热量，然后经过尾喷管高速喷出，产生推力。它实际上是用反应堆代替了燃烧室，用原子能代替了推进剂燃烧的能量。

用原子能做能量来源，这在火箭动力方面是一个跃进。因为原子能要比化学燃料的能量大 200 万倍。换句话说，1 克原子反应物质释放出来的能量，相当于 2 吨优良的化学推进剂产生的热能。所以，利用原子能来加热气体，就有可能大大提高温度，增加气体的喷出速度。

利用液氢做原子火箭的工作物质，在不太高的反应堆温度下，可以取得每秒 8 千米的喷气速度。这几乎比最好的化学推进剂所能达到的喷气速度高一倍。一支单级原子火箭就可以发射人造地球卫星。如果在结构上进一步改进，甚至可以使喷气速度增加到每秒 20 千米。

原子火箭因为可以达到较高的喷气速度，所以有效载荷在起飞重量中占的比例就增大了。譬如，发射一吨重的人造卫星，最好的化学火箭的起飞重量要 50～100 吨，如果改用原子火箭，只要 12.5～20 吨就够了。

太阳光帆

太阳光帆飞船是一种靠太阳光的力量来推动的飞船,是一种太空探测器,它跟帆船一样也有一张大面积的帆。这个帆能够反射阳光。

如果在行星探测器上张起一张大面积的帆,太阳光对帆就有一定的推力。帆的面积越大,推力也越大。由于太空不存在空气阻力,因此,太阳光帆有可能给行星探测器提供 $10^{-4}\sim10^{-2}$ 米/秒的加速度。这个加速度虽然很小,但只要有太阳光照射,太阳帆就能不断地使探测器加速,日积月累,越飞越快。据估计,如果不加辅助推力,太阳光帆飞船绕地球进行一年半之后,能达到每秒 11.2 千米的第二宇宙速度,摆脱地球引力。

随着空间科学技术的进步,世界科学基金会建成了一艘太阳光帆飞船。这艘飞船的光帆是用聚酯塑料薄膜制成的,上面镀有铅膜以加强反射性能。在这艘太阳光帆飞船展帆试验取得成功经验的基础上,

世界科学基金会将用卡普登薄膜代替聚酯薄膜制成两艘相同的太阳光帆飞船,把它们先后送入地球轨道做首次试航。这次试航除了做展帆试验以外,还测定了光帆能从太阳光中获得多少能量。

太阳光帆的用途

有了太阳光帆，飞船可以在小行星上降落，把上面的珍贵宝藏带回地球。有些小行星上还有水和像油页岩那样的碳氢化合物，可以用来供应航天工业的需求。

小行星是难得的宝库。有些小行星的表面上就有许多地球上罕见金属的露天矿。

另外，科学家还考虑采用太阳光帆飞船进行载人飞行。这种载人的太阳光帆飞船的帆，边长将达数千米，使用时先用火箭把飞船各个部件载运到近地球轨道上进行装配，然后展帆飞行。太阳光帆飞船上还可以安装辅助火箭，以便使它更快地进入或脱离某个行星的轨道和应对各种不测事件。

由太阳光推动的光帆能在不到两年的时间里离开太阳系，当光帆后面的太阳光暗淡消失时，光帆的速度已超过每秒 100 千米。如果在绕太阳旋转的轨道上放上一台大型激光器配合作用，光帆的速度就能接近光速。在未来的宇宙飞行中，太阳光帆飞船将占有它的应得的地位。那时候，宇宙空间站将不仅是停泊星际飞船的宇宙港，还是发射和回收光帆飞船的基地。

发射人造卫星

空间科学技术是围绕人造卫星的应用而发展起来的。浩浩长空，先后有几千颗人造卫星遨游。它们有的来去匆匆，只待两天就返回地球；有的长期徘徊在轨道上。人造微信可谓千姿百态。有的卫星设计成球形，是因为同样的容积，球形的表面积最小，重量也最轻，可以减小对运载火箭的负荷。而且，球状体承受冲击、加速和振动的能力较强。有的卫星仿照火箭头部的整流罩呈圆锥形，能最大限度地利用整流罩空间。有的卫星甚至用火箭整流罩做外壳。还有的卫星在空间飞行的姿态是依靠卫星绕自身的某一轴线旋转来定向的，因此多做成直径大于高度的圆柱形、鼓形或扁球形。

尽管卫星的用途不同，外形各异，它们的结构大体相似，都由星体、星体内的仪器设备、电源和无线电通信系统组成。

由于人造地球卫星运行在大气层外的广阔空间，容易接收来自天体的电磁波，是天文探测和科学实验的理想工具。人造卫星的飞行速度快，一天可绕地球运转几圈到十几圈，能够迅速获得有关地球的大量信息，所以人们理所当然地把航天的注意力首先集中于人造地球卫星上。事实上，现代航天技术的成果也主要获益于近地轨道上的人造航天器，特别是数量众多的人造地球卫星。

卫星轨道

卫星轨道就是卫星在太空中围绕地球运行所形成的规律性很强的路线。由于火箭的推力作用，航天器的离心力大于地球的引力而冲出地球，成为绕地球旋转的卫星，由于地球引力是不变的，因此，卫星围绕地球有规律运动。

每颗卫星都被赋予一定使命，完成这一使命就需要有相应的运行轨道。因此，航天专家们便根据卫星所担负的不同任务，确定了多种运行轨道。按形状分有圆轨道和椭圆轨道，按高度分有低、中、高轨道，按方向分有极轨道和赤道轨道。

在各类轨道中，用得最多的是圆轨道。因为圆轨道上运行的卫星相对地球是匀速的，这对于完成各种任务有利。而运用椭圆轨道的卫星，一般是负有某种特殊任务。但是，俄罗斯由于其地理位置靠近北极，沿赤道运行的卫星看不到其大部分领土，因此便使用椭圆轨道。

为人造卫星控温

　　迁飞的蝴蝶正如候鸟一样,冬天往南去,夏天向北飞。旅途中,气温变化极大,它们是怎么应对的呢?原来,蝴蝶的体表覆盖着一层细小的鳞片。每当气温上升时,鳞片会自动张开,减少太阳光的辐射角度,减少对阳光的热能吸收;气温下降时,鳞片自动闭合,紧紧贴牢蝴蝶体表,阳光直射到鳞片上,蝴蝶便能吸收更多的热量。这样,即使气温变化较大,蝴蝶也能把自己控制在一个正常的温度范围内。

　　遨游于太空的人造地球卫星,它所处的位置有时受到阳光直射,有时处于地球阴影区域无阳光。当受到阳光的强烈辐射时,卫星温度高达100℃~200℃;如果没有阳光的辐射,卫星温度可下降到 -100℃~ -200℃。为使卫星内的各种仪器、仪表不致烧毁和冻坏,设计人员设计了一种控制系统,有如蝴蝶调节体温的结构一样。控温系统外形宛如百叶窗,每扇叶片的两面,辐射散热能力不同,一面很大,另一面极小,百叶窗的转动部分装有灵敏度很高的热胀冷缩的金属丝控制。卫星温度上升时,金属丝膨胀,叶片便会张开,辐射散热能力大的一面转向太阳,便于散热降温;温度下降时,金属丝冷缩,叶片便会闭合,辐射散热能力小的那一面便会转向太空,抑制散热,起到保温作用。

给卫星插上"翅膀"

从已发射和正在研制的通信卫星来看，所选择的电池均为太阳能电池。开始人们把太阳能电池贴在卫星的表面上，接受太阳光照射后，就可以把太阳能转变成为电能。卫星靠自旋稳定，太阳能电池轮流受太阳光照射，只有一半电池能有效工作，这样安装利用效率很低，这种方式可能得到的功率范围是 50～1000 瓦。

随着空间技术和电子技术的迅速发展，利用同步轨道卫星进行电视和语言广播已成为现实，要求功率必须大于 10 千瓦，但卫星本体表面积太小，所能提供的电能不够用。后来人们终于想出个妙法，在卫星身上伸出几个贴满太阳能电池片的大翅膀，这些大翅膀就是太阳翼。太阳翼的主要性能指标是重量比功率，即每千克的瓦数，目前世界水平重量比功率达到每千克 70 瓦，正在研制的发电能力为 85 千瓦以上的太阳翼，重量比功率达每千克 700 瓦。

为了研制输出功率达千瓦以上的轻重量级太阳翼，人们已经提出了几种不同类型的设计方案，其中包括折叠式刚性太阳翼、折叠式半刚性太阳翼、折叠式柔性太阳翼、卷式柔性太阳翼等。卫星发射时，将贴着太阳能电池的刚性底板若干块折叠起来，卫星入轨后利用某些伸缩机而展开。

选择卫星发射场

在发射地球同步通信卫星时,为了尽量减少修正轨道倾角所花费的能量,发射场选在低纬度比较有利,沿发射方向要求没有障碍物,要划定安全区域,还要求气象条件好,运输方便,电波干扰少,通信线路有保障。比如法国在南美圭亚那设有发射场,该发射场位于北纬5度,是发射地球同步轨道通信卫星的有利位置。发射场由测试、发射、指挥、测控、通信、气象、技术勤务等系统构成。运载火箭与卫星在发射场要进行各种单元与综合测试。要进行推进剂加注。运载火箭发射后,还要进行对二级火箭的跟踪与测量。

地球同步通信卫星的发射,受各大小系统和多种因素的限制,如姿态测量与控制,能源、温度控制等,因此,必须适当地选择太阳、地球和轨道三者之间的相对位置,确定有利的发射时刻,这种最有利的发射时机通常叫作发射窗口。一年之中,每天有两次,每次30分钟至2小时,具体时间随着卫星发射场的位置和轨道而有所不同,对发射时机有严格的要求。为此,要对卫星、运载火箭的地面测试与发射,测控站及有关系统进行组织协调,统一指挥,科学决策,只有这样才能按时保质地发射出去。

同步卫星入轨

　　要把人造卫星送到离地面约 3.6 万千米高的地球同步轨道,并以 3075 米／秒的速度在轨道上运行,首要的条件是要有一支强大的、具有足够威力的运载火箭。

　　按同步卫星的发射轨道要求,发射同步卫星的运载火箭通常是一支三级火箭加上连接在卫星上的远地点火箭发动机。第一级和第二级运载火箭,主要用于助推加速。将卫星连同尚未工作的第三级火箭送入离地面约 100~200 千米的近地圆轨道,在低位能处加足卫星所需要的大部分能量(80%)。其目的是将重量很大的推进燃料尽快地消耗在离地球较近、位能较低的地方,以节约能量损失。为此,人们通常在第一级运载火箭的周围,并排地捆绑多台液体或固体火箭,以加大起飞推力。捆绑式火箭是把若干助推火箭均匀地成双捆绑在芯级火箭的四周,火箭发射后助推火箭首先工作,完毕后再与芯级火箭分离。由于捆绑上去的火箭不增加火箭的总长,我们也把这部分火箭称为半级火箭,如两级火箭加上捆绑,就称为两级半火箭。第三级火箭用来给卫星推进加速,以便从近地圆轨道转入转移轨道,即远地点达到同步高度的大椭圆轨道。

实现卫星同步

　　自行车只有两个轮子,静止时光靠这两个轮子自行车是"站不住"的,可是当人们骑上自行车前进时就不会再摔倒了。人们设计火箭的时候,有计划地做了安排,使它在发射到第三级时,火箭将带着卫星一起旋转,转速大约在每分钟 10~100 转之间,这就叫作自旋稳定。

　　这种方法虽然解决一些问题,但也存在危险,一旦自旋速度变慢,卫星就会"性命难保"。人们又提出了另一个方案,这个方案是从杂技演员在旋转平台上的表演得到启发的。当表演水流星节目的演员站在旋转平台上时,演员的身体会随着水流星的转动,不由自主地跟平台中心一起朝着相反方向旋转,物理学上把这个原理叫作动量矩守恒。人们在人造卫星内三个互相垂直的轴上都装上飞轮,用马达来带动,如果要卫星反方向转动,只要使飞轮加速就行了。反过来,要使卫星顺向转动,就应该使飞轮减速。

　　后来,又出现了一种更好的喷气控制方法。它是在卫星的不同部位上装上喷气发动机,用喷气时得到的反作用力来保持卫星的正常轨道和准确姿态。

卫星通信的优点

卫星通信优点很多，概括起来主要是：远、多、好、活、省。

"远"是指它的通信距离远，"站得高，看得远"。从离地面3.6万千米高的静止卫星上可"看"到地球最大跨度达1.8万千米，这相当于由300多个中继站组成的微波中继线路所能提供的距离。

"多"是指它的通信路数多、通信容量大。一个现代通信卫星带宽可达几百兆赫，可携带十几、二十几个转发器，可提供成千上万条话路。

"好"是通信质量好，可靠性高。卫星通信不受地理条件和气象的影响，可获得高质量的通信信道。

"活"是指运用灵活，适应性强。它能实现陆地两点间的通信，而且能实现船间、岸船间、空地间的通信。

"省"是指卫星通信的成本低，即比生产同样容量、同样距离的其他通信设备所耗费的资金要少。卫星通信系统的造价并不随通信距离增加而增加。随着设计和工艺的成熟，成本将逐渐降低。

卫星通信的"死角"

信号中断

卫星通信被人们称为是"全天候通信"。但是,卫星通信并非十全十美。据科学家观测,在卫星通信系统中,无论在地球上哪个位置,每年都要遇上两次接收信号的中断现象。这种信号的中断是太阳造成的。科学家们称它为"日凌中断通信"。通信卫星是在赤道上空约3.6万千米的地球同步轨道上运转的。地球与同步轨道上的卫星又一起围绕太阳旋转,转一圈为一年;卫星又与地球的自转同步,转一圈为一天。因此,在一年中便会形成太阳、卫星和地球三者运行在同一条直线上的现象。这时,地面站的天线不但同时对着卫星,也同时对着太阳。太阳是一个非常强烈的干扰源(噪声),而卫星上发射的信号与之相比较,是十分微弱的。这样,我们需要接收的信号被淹没在太阳引起的噪声之中,使地面站的通信中断。

"日凌中断"引起的通信失灵能否避免呢?到目前为止,世界各国在卫星通信系统中解决"日凌中断"的唯一措施是:根据卫星所处的位置,地面站所处的经纬度数,天线工作时的仰角、方位角等数值,预先计算出每个地面站出现"日凌中断"的具体日期和时间,使重要的业务通信联系尽量避开"日凌中断"时间。

卫星坐航天飞机

航天飞机是载人飞船技术、运载火箭技术和航空技术综合发展的产物。在航天飞机进入轨道后,利用末级火箭就可以把通信卫星送入地球同步轨道。

用航天飞机发射通信卫星,显然比仅能使用一次的运载火箭优越。第一,一架航天飞机可以重复使用 100 次以上,能大幅度地降低发射费用。据估计,一架航天飞机把每千克有效载荷送进同步轨道的代价,只相当于大力神Ⅲ运载火箭的 1/6。第二,提高了发射通信卫星的可靠性。用大力神Ⅲ运载火箭发射卫星的平均可靠性仅 90%,即发射 10 次就有 1 次失败,而航天飞机是一种有人控制的空间运输工具,其发射卫星的可靠性可达 98%。第三,航天飞机有一个较大的货舱,可容纳较大(最大直径可达 4.6 米,重可达 5 吨)的通信卫星,从而放宽了在尺寸和重量上的限制。第四,利用火箭发射通信卫星,卫星功率一直受运载火箭的可用空间所限制。而有了航天飞机,便可安装具有更大功率的可伸展的太阳能电池帆板,通信卫星的功率基本不受限制。第五,还可以利用航天飞机安装大型而复杂的天线系统,因此,今后可以在同步轨道上部署多天线通信卫星。

通信卫星的寿命

同步通信卫星耗资巨大,需要成千上万人通力合作。因此,人们自然期望卫星寿命越长越好。然而,影响卫星寿命的因素很多。

一是机械性损坏。同步卫星位于地球赤道上空约 3.6 万千米的同步轨道上,经常受到宇宙尘埃、陨石、流星等的冲击碰撞,轻则影响卫星表面的光学性能,使太阳能电池性能下降,重则损坏卫星。

二是早期夭折。卫星发射失败或入轨不久发生故障夭折,这在卫星通信史上并不罕见。

三是自然淘汰。有些卫星虽未丧失工作能力,但其通信容量、通信体制已跟不上发展被弃用。

四是人为性破坏。倘若发生空间战争,一方可通过干扰或空间武器使对方卫星无法正常工作,甚至将其摧毁。

平时所说的卫星寿命,不是指因上述几种"非正常死亡"造成的"短命",而是指卫星的正常寿命。同步通信卫星的寿命一般可达 2~5 年,而其设计寿命可长达 7~10 年。影响卫星寿命的主要因素包括卫星上机械设备的磨损、定期调整卫星在轨道上的位置及姿态所需的燃料耗尽而使卫星失控脱轨等方面。但从实践中获知,卫星寿命在很大程度上取决于所用元器件的可靠性。

拥挤的卫星轨道

在同步卫星轨道上，是否可以置放任意多的同步卫星呢？不行！因为沿赤道平面，围绕地球一周等于24小时的同步卫星轨道上相邻两卫星之间，应离一定距离。根据国际电信联盟规定，使用C波段（3900兆赫～5850兆赫）进行通信的同步卫星之间应相隔4度以上；使用KU波段（12 500兆赫～18 000兆赫）进行通信的卫星，必须相隔3度以上，只有这样才能保证通信时互不干扰。由于围绕地球一周为360度，因此如果以3度间隔计算，同步轨道只能容纳120颗卫星，如以4度间隔计算，则只能容纳90颗卫星，而现在同步轨道上的卫星已超过100颗卫星，所以轨道上已十分拥挤。在这些卫星发射时，苏联和美国等国借助技术上的优势，抢占有利位置，从而使卫星在轨道上的位置分布也很不均匀。例如在美国、加拿大等美洲国家地区的赤道上空，卫星十分密集。目前，日本、印度等国也在大力发展和加快同步通信卫星的发射，不少中小国家也纷纷制订委托其他国家发射同步卫星的计划，以便在轨道即将"客满"以前，能占据一席之地。

同步卫星葬身处

当同步卫星推进器的燃料用尽时，卫星在太空各种力的作用下将离开轨道面。运行到某一点时，卫星受到地球的椭圆轨道的突出部的引力作用，这个引力分解为一个拉回（向心）力和一个使卫星飞出轨道的离心力。由于后者的方向与卫星的运行方向一致，使卫星产生加速度，结果卫星向同步轨道的外侧飞去。这个外侧轨道半径比同步轨道大，周长也长，卫星运行一周需要比 24 小时更长的时间。这样，从地球上来看卫星的运行渐渐变慢了，最终集结在椭圆轨道短轴的一侧 B 点。

当卫星运行到相交的一侧时，卫星在椭圆轨道的突出部分的引力作用下减速，卫星进入同步轨道的内侧。这个内侧轨道半径较之同步轨道短，结果卫星运行一周用不了 24 小时，从地球上看来卫星运行较地球自转速度变快，最终卫星集结到圆轨道的短轴的另一侧 A 点。

因此，同步卫星的葬身之处有 A、B 两个地方，人们称它为"卫星的墓地"。它所在地球上空的位置，分别是印度半岛南端科摩林角的南印度洋上空（东经 76.8 度），以及南美加拉巴哥群岛以西的东太平洋上空（西经 108.1 度）。

发射广播卫星

在人造卫星的家族中,有一员新秀——广播卫星。它是在通信卫星的基础上发展起来的。广播卫星发射的功率特别强,一般在100瓦以上,因此,用户可以直接接收广播卫星转发的电视节目,不必经过卫星地面站接收、处理,再由电视台播放,所以广播卫星也叫电视直播卫星。

卫星直播电视彻底抛开了卫星地面站、微波中继网和电视转播台,采用普通的家用电视机,可直接接收卫星转发的电视。其方法是,在卫星上装载功率较大的电视发射机,采用大直径的窄波束定向天线,把大大加强了的波束能量集中于既定的服务区域,从而有效地提高了该地区的电波强度,使得普通的家庭用户,采用廉价的接收天线就能收看卫星直接转发的电视节目。每个电视用户只要在屋顶安装一个直径约为1米的抛物面天线,一直对准卫星即可。这个天线将收到的微波信号会聚到焦点,然后再经过特殊的管状电路,传送给变频器,再经变频、放大和解调后,输入电视机。

随着航天飞机的成功飞行和各种新技术的应用,人们将在同步轨道上部署高级电视广播卫星,它具有高功率、大容量,并带有大型天线的优点。

施放气象卫星

施放气象卫星的主要目的是：探测高层大气的结构和成分，探测宇宙线、太阳辐射与太阳的微粒发射在高层大气中的性质和作用以及电离圈的情况，观测高层大气中地球磁场的情况，观测云雨风暴等情况。高层大气的结构和成分，包括温度、密度、气压等随高度而改变，过去是依靠一些高空极光、流星等现象来推测的，有了人造卫星就可以直接测量了。

宇宙线、太阳辐射与太阳微粒是影响高层大气和低层大气的重要因素。高层大气是宇宙线、太阳辐射和太阳微粒喷射进入地球的门户，知道了它们在高层大气中的性质和作用，就可以知道高层大气是怎样影响低空的天气变化的，这就有利于进一步探索天气变化的规律，能更准确地预报天气。

电离圈主要是太阳辐射造成的，它能仅射中短波无线电波。有了人造气象卫星，就可以从上向下发射探测电波，了解 400 千米以上的大气电离情况。

天气变化往往从云的变化体现出来，气象卫星飞在地球大气内一切云层的上面，它可以由上向下探测大范围的云况，并把它们拍出照片来，这就弥补了从地面观测云的缺陷，再与地面观测结合更有利于天气预报。

争夺太空摄影权

卫星上的摄影仪器越来越先进，自旋扫描照相机、扫描辐射仪、电视照相机应运而生。这些先进摄影设备的拍照速度极快，曝光仅用 16.7 毫秒，拍摄幅度极大，每幅云图的地面覆盖面积约为 1000 万平方千米，照片的清晰度(分辨度)极高。

利用气象卫星所拍摄的云图进行气象观测具有地面气象观测无法相比的优点。首先是观测范围广，一颗静止气象卫星能获得地球上近 1 亿平方千米的气象资料，同时它观测次数多，时效快。静止气象卫星一般每 20 分钟左右即可获得一次观测资料，必要时可用 5~15 分钟的时间间隔对较小范围进行连续观测，对监视灾害性天气系统特别有利。它还不受自然条件和国界的限制，能覆盖海洋、沙漠、高原等人烟稀少地区气象观测的空白。

利用卫星云图除了可以观测和监视暴雨、寒潮、台风、冰雹、洪水等灾害天气外，还能提供港口、机场、海流的情况，以及掌握鱼群的流动和分布、森林的火情、农作物的收成等。

云图预报传染病

卫星云图可以预报疾病，主要是传染病。

用卫星云图预报疾病的理论基础是地貌流行病学。病原体及携带者一般生活在可以鉴定的环境中，借助卫星、飞机或高空气球拍摄下高分辨率的图像，记录下反射光的特性，以此与已有的传染病资料相结合可预报某一地区发生特定传染病的可能性，其正确率接近 80%。

霍乱属国际检疫传染病，美国马里兰生物技术研究所专家用空间技术对霍乱发病规律进行长时间的研究。他们对 1992～1995 年的资料研究，发现孟加拉国霍乱的流行与孟加拉湾的水温、水位密切相关。他们还对海水浊度等与发病率相关的内容进行了研究。这项技术将有助于霍乱流行的早期警报，从而让人们对饮水采取有效的预防手段。

黑热病是世界范围的传染病。研究者用卫星拍摄了巴西感染区内狗和人在城市分布情况的图像，对其分析比较研究发现，林木面积大、住房密度低的地方发病率都高。

太空天气预报

太空天气的恶化会导致卫星失效或坠落、地面通信中断、导航定位不准、输电网等技术系统受到损伤。曾经，我国的"风云—1"号气象卫星，也因受到太阳粒子撞击而提早失效。此外，恶劣的太空天气也可能会损害宇航员乃至人类的身体健康。美国"阿波罗"飞船的宇航员，在一次飞行中，眼睛出现闪光感，专家们认为这可能是宇宙辐射的高能粒子作用于视网膜引起的生物效应。宇航员在航天中接受的辐射剂量多少还和轨道高低有关。轨道高，接受的剂量大，轨道低，接受的剂量小。如美国"天空实验室"空间站航行高度比苏联"礼炮"号空间站的高度高，在"天空实验室"内的宇航员接受的辐射剂量，平均比"礼炮"号内的宇航员接受的剂量要多。有人认为，宇宙辐射对宇航员身体健康的伤害，可能成为人类长期在空间生活的重要障碍之一。地球上许多自然灾害也可能与太空天气有关，人类许多高科技领域的发展正面临着来自太空天气变化的严重威胁。

太空天气学就是研究和预报太空灾害性天气变化的规律，避免或减轻太空灾害性天气，可能给人类造成的巨大损害和严重威胁。

24 小时太空天气预报

卫星发来臭氧图

在距离地面 20～25 千米，有一层臭氧层。臭氧层是人类和其他生物的保护伞。当这顶保护伞被戳破之后，到达地球表面的紫外线数量就会大大增加，强烈的紫外线可使人们皮肤癌、白内障等疾病的发生率增加，使农作物减产，影响幼苗生长，对整个地球生态环境造成严重的影响。

随时掌握地球大气层里臭氧分布的详细情况，是非常必要的。一颗美国卫星现在正不断地向地面送回地球大气层里臭氧分布的详细图像，这是全球性臭氧图。科学家认为臭氧的运动受高空急流的影响。所谓急流就是指具有巨大威力的高空旋转气流。急流通过之处常常引起火山爆发或带来暴风雨，所以知道了臭氧的运动规律就可以了解到急流的变化情况，并由此来拯救无数生命和财产。科学家根据电视屏幕上的臭氧图就能够掌握臭氧层的破坏情况，动员全人类保护它，及时发现高空急流的行踪，从而及早发现暴风雨的形成。臭氧图对飞行员也很有用。飞行员常常要选择有利的航向，让高空急流作用于机尾，使飞机飞行速度加快而节省燃料。高空急流运动的资料使飞行员能更容易地找到和跟踪高空急流。

地球资源卫星

1972 年 7 月 23 日，美国发射了世界上第一颗地球资源卫星——"陆地卫星—1"号。它很快就测出亚马孙河流域的地形、土壤、植被、森林、地质、矿藏……甚至还发现了一条人们过去不知道的、长几百千米的亚马孙河支流。利用"陆地卫星—1"号照片，在玻利维亚发现了世界上最大的锂矿，在阿拉斯加发现了新油田，在南非发现了世界最大的镍矿，在埃及沙漠发现了大型铁矿，在干旱的埃塞俄比亚找到了淡水源 200 多处……

地球资源卫星每天能绕地球飞行 14 圈。每隔 18 天送回一套全球的图像和数据。又由于它配备了"多光谱扫描仪"这副"千里眼"，对地表和地表以下一定深度内的物质状况具有独特的"洞察"能力。

地球资源卫星的勘探活动，不受地理条件的限制，可以深入到勘探队员难以进入的深山老林中勘察、探测，绘制出条形矿脉图，判明地质结构，探出各种矿物石油的矿迹。也可以利用地球资源卫星来研究土地使用情况，进行土地规划。还可通过它测量积雪覆盖状况和冰河移动状态，计算泛区大小及其造成的危害程度等。地球资源卫星还可以帮助人们迅速掌握江、河、湖、海的面积、水量、水质、水温等各种资料，还能为寻找地下水提供重要线索。

预警卫星

　　导弹发射都是用火箭发动机推进的,由于它用的燃料燃烧温度高达3.6万~3.7万摄氏度,因而能辐射出强烈的红外线。预警卫星就是用一种能探测红外线的"感觉器官"发现洲际导弹的。

　　预警卫星观察洲际导弹只能看到导弹发动机喷出的尾焰。然而,在自然界能辐射强红外线的东西很多,如果看到红外线就认为是洲际导弹,那真是"草木皆兵"了。所以,目前预警卫星上的红外检测设备都非同一般。它是利用大气层能吸收波长为2.7微米的红外线的特点,来发现敌人偷袭导弹的。它的检测设备,专门能检测到波长为2.7微米的红外线。导弹垂直起飞时,导弹以及地球上一切物体辐射的2.7微米红外波全被大气吸收了,这时预警卫星什么都看不见。可是导弹一飞出大气层,预警卫星就会迅速感觉到导弹的红外辐射,"报告"有导弹发射了。

　　导弹的尾端不仅温度高,也很亮。导弹飞出大气层后,由于失去了大气压力,尾端的体积迅速膨胀,形成一条长1.5千米的亮带。针对这一情况,人们在预警卫星上还加装了一台电视摄像机。当卫星上的红外检测元件发现导弹发射时,电视摄像机也就发现了导弹尾焰显现的亮点。

雷达卫星

雷达卫星上的"火眼金睛"是由雷达测高计、雷达散射计和合成孔径雷达组成的。它们和地面上使用的雷达相似,是通过无线电波测定目标位置和有关参数的,因而可不受地域、天气条件的限制,能在各种天气条件下昼夜对地面大范围地区长期探测、监视和侦察。

雷达测高计主要用于大地测量和海洋观测,可测量卫星对海面的平均高度,从而获得地球的基本形状、扁率和重力场分布等参数。雷达散射计是一种用来测量海面或地面散射回波信号功率的雷达,它所测定的散射系数主要决定于被测表面粗糙度。因海风影响海面的粗糙度,故散射计可间接测定风速和估计方向。合成孔径雷达是利用雷达与目标的相对运动,把尺寸较小的真实天线孔径用数据处理的方法合成较大的等效天线孔径的雷达。它的特点是分辨率很高,能全天候工作。

值得一提的是雷达卫星可观测海底地貌的起伏和发现潜水艇。

军事侦察卫星

军事侦察卫星的地面分辨率很高,确定地面目标在地球上位置的精度也很高。美国第一代军事侦察卫星的地面分辨率为3~6米,第二代为2~3.6米,第三代为0.6~0.3米,第四代大鹏(鸟)卫星采用2.44米焦距的相机来。

卫星照片图像实际上是由许多肉眼看不见的像点组成,像点越细,照片上可以辨认的细节的尺寸越小。照片上像点的密度常用每平方毫米多少条线来表示,线越多表示照片质量越高。例如,卫星照片每平方毫米的纵横线数各250条,也就是每平方毫米内排列250个像点,其相邻两像点间的距离只有4微米,照片上4微米相当于地面距离多少呢?这与照相机的焦距和卫星的飞行高度有关。如果焦距为2米,飞行高度为150千米,那么,根据几何学关系,就可求得地面距离为0.3米。这个长度就叫照片的地面分辨率。通俗地说,地面分辨率并不代表能从照片上识别地面物体的最大尺寸。一个尺寸为0.3米的目标,在地面分辨率为0.3米的照片上,只是一个像点,不管这个目标是由几部分组成,也不管把照片放大多少倍,依然只是一个像点。所以,要从照片上认出一个目标就得有若干个像点在照片上来构成该目标的轮廓。

侦察卫星

侦察卫星可以利用红外波段、微波波段的反射和辐射特征，拍摄地上和水上物体的相片。任何物体的温度只要高于 −273℃，都会产生热辐射，发射出红外线。侦察卫星的红外探测装置可以区分地面 0.5℃的温度差异，因此在夜间可以分辨人群、车队和坦克。潜艇在水下航行，艇上动力设备和工作人员排出的热量使航线上的水面温度升高，卫星可以根据水温的微弱变化测出水下 60 米潜艇的活动情况。

在军事卫星频繁活动的今天，对军事伪装也提出了新的要求。据大量的科学试验表明，靠过去常用的覆盖绿色植物和遍涂绿黄相间的油漆图案，或在夜间进行军事行动等方式来欺骗和躲避卫星的视觉已经不行了，而必须依靠真实的自然背景进行伪装，才能起到迷惑卫星的作用。例如，应用绿色植物隐蔽火炮、坦克时，必须直接利用密林，而

不能将树枝等折下来插到火炮或坦克上。这是由于绿色植物折下来后，叶绿素成分迅速变化，在光谱特性上与生长着的植物有很大的不同，卫星采用探测植物光谱反射性能的方法就更容易发现用树枝、草叶伪装的武器和人员。

照相侦察卫星

　　照相侦察卫星实际上是部署在轨道上的一种空间观测台，它可以安装各种不同用途的侦察遥感器。这些遥感器主要有：可见光照相机、多谱段照相机、多谱段扫描器、红外扫描器、高分辨率电视摄像机和综合孔径雷达等。要使卫星上的侦察遥感器正常工作，除了必须解决电源和适当的温度、压力等环境条件外，还必须解决卫星姿态的三轴稳定问题，以便保证卫星上遥感器始终对准地球拍照和所拍照片在纵向、横向上有一定重叠。此外，也要注意轨道设计，对卫星的倾角、近地点高度和卫星周期等都要周密考虑，精心安排。

　　卫星照片或图像通常有两种方法送回地面：一是无线电传输，二是胶卷回收。前者经常用于普查，后者一般用于详查。无线电传输型普查卫星先把曝过光的胶片在卫星上进行显影、定影，然后利用光束扫描将照片转换成电子信号，通过数据中继卫星迅速传送给判读处理中心，进行分析和判读。回收胶卷型的详查卫星把已拍照的胶片收集到卫星胶卷回收舱里，待侦察任务完成后，利用反推火箭的推力使胶卷回收舱从卫星中弹射出来，脱离地球轨道，进入大气层，依靠降落伞在地面软着陆，或是从空中和海上进行回收。

军事星

美国于 1995 年 11月 6 日发射"军事星"通信卫星，从而完成第一代"军事星"星座的建立。它开辟了军事通信卫星的新纪元，是未来战争的生命线。

"军事星"采用了许多当代最先进的抗核加固、抗干扰、防窃听等技术，它包括极高频通信技术、自适应天线调零技术、扩展频谱跳谱技术、星上信号处理技术、轨道机动技术和星上核能源技术等，所以能满足各军兵种在任何情况下的通信需要。

第一代"军事星"卫星每颗星重 4.5 吨，只能用大力神—4/ 人马座大型运载火箭发射。它们有 192 条信道，可与空军通信卫星和舰队通信卫星系统兼容。

但第一代"军事星"的造价太高，数据传输速率极低，只适用于传输简单的重要命令，而不能满足大容量战术通信的要求，不能向飞机传送复杂的作战命令。

第二代"军事星"增装中速数据率有效载荷，通信容量比第一代"军事星"大 100 倍，还提高了轨道机动能力。可用于战术作战部队，飞机和舰艇等。

第二代"军事星"系统主要为海、陆、空提供话音通信，为国防部和有关指挥当局传送图像。

海洋卫星

　　为了监测世界海洋水域,科学家发射了海洋科学实验卫星。在卫星上,装载着能测量海浪、海流、海风、水质等要素的遥感传感器,其中有一个雷达测高计,能在离地面 8000 多千米的高空测量海平面高度。这个传感器精度很高,测量误差仅有 10 厘米左右。由于卫星每 36 小时覆盖地球一次,所以在运行中获得了大量的世界海平面高度的数据。将卫星测得的海面高程数按照地理坐标位置排布,经计算机处理,可绘制出一张世界海洋海底地貌图。海洋卫星绘制的图为地质学家带上了"千里眼",向人们提供了许多宝贵的新信息。这张海底地貌图,告诉人们海洋底部的许多地质构造与陆地上的构造现象是一样的。海底不仅分布着高山、丘陵、低地、峡谷,而且还有断裂、褶皱等陆地上常见的各种构造现象。

海事卫星

据统计,全世界每年遇难的航船约 350 艘。如何准确记录飞机、舰船遇难的时间,确定其出事的地点。多年来一直是人们关注的问题。

随着航天技术的发展,人们自然会想到利用卫星进行搜索营救的可能性。营救卫星系统主要由卫星和地面站两部分组成。卫星部分包括 2～3 米直径的接收天线和数据处理设备。卫星采用近圆形的极地轨道,轨道平面经过地球的南极和北极地区,轨道高度为 800 千米～1000 千米。地球是从西向东自转的,所以一颗卫星每 12 小时就能覆盖全球一遍。一旦它"监听"到飞机、舰船发出的呼救信号(频率为 121.5、243、406 兆赫),立即转发给地面接收站。

国际海事卫星组织于 1979 年 7 月宣告成立,总部设在伦敦,我国也是成员国之一。国际海事卫星组织的第一代海事卫星通信系统的目标是:凡是在南、北纬 75 度线之间海域内航行的船只,都能进行 24 小时的连续通信;自动迅速地与国内或国际通信网接通,使船只能同岸上的任何地点直接挂电话、发电报、传真和传输数据;有专用的应急通信线路,船只遇险时,一按电钮就能发出呼救信号;能向航行中的船只播送气象预报、海流情况和导航数据等资料。

红外天文卫星

美国和荷兰共同研制的红外天文卫星，是一种新颖的天文观测卫星。

红外天文卫星第一次为星星的出生与死亡的地点绘制出清晰的星图，成为进一步揭开宇宙奥秘的有力武器。

这颗卫星重约 500 千克，于 1983 年 1 月 25 日发射，进入 900 千米高空的极间轨道。正像利用其他航天器或地面望远镜进行探测后绘制出天空无线电波图、可见光图及 x 射线图一样，红外天文卫星的任务是对天空进行扫描，从而绘出一幅"红外天空图"。

红外天文卫星上的望远镜系统及其他仪器设备，上天以后都必须在超低温环境下进行操作，所以，望远镜的镜头不能用玻璃而只能用铍来制成。

红外天文卫星进入轨道后，其望远镜始终对着各个星体，太阳能板则对着太阳。6 个月后，卫星的圆周形扫描能摄下整个天空的景象。卫星中的一切传感器都是灵敏度很高的，所用的滤波器都是用特种涂料作保护层的，以防止红外线以外的其他光波透过。红外天空图的测绘工作是由一套特制的电子计算机程序来进行的。

火车避撞卫星

火车避撞卫星装有接收机，接收地面火车发来的特定密码无线电信号。每列火车上或使用的铁轨旁的地面设施上，也都装有一台微型信标机和一台指令接收机。微型信标机专门向卫星发射地面位置坐标的无线电信息。比如两列火车正在某一铁道段内对开时，两

列车上的信标机，便分别发出无线电位置坐标信号给火车避撞卫星，由卫星上的路标信息接收机接收后，送入卫星上的电子计算机里进行计算。当计算机提出的两列火车距离已小于某一距离数值时，便给卫星上的指令机一个突发信号，指令器便向地面发出报警指令。这一指令以无线电密码信号传送到地面，为两火车上的指令接收器所接收，再变换发出一束电流，去启动司机室里的警铃装置。一旦两列火车对开进入规定的危险距离时，司机室中的警铃便会响声大作，命令司机紧急刹车，以免相撞。

除了每列火车上装设此种指令接收器外，凡在火车轨道上作业的设备上也可加装信标机和指令接收器各一台，一旦奔驰中的火车和地面某铁道上的设备(比如某一起道机)的距离进入了危险的范围后，也可同样使司机室里的警铃报警。

卫星导航

1964 年，美国海军发射了子午仪导航卫星，使美国舰队能在地球上任何一个角落不分昼夜地进行定位和引导航行。海军导航卫星系统由 5 颗卫星组成，每颗重约 60 千克，直径 50 厘米，它们都在通过南北极的经线方向轨道上运行，离地球高约 1075 千米。子午仪导航卫星形状远观似蜻蜓，近看像吊扇，每 108 分钟绕地球一圈。在运行中每隔 2 分钟各自发出连续 2 分钟的信号电波，船上的接收机收到后，就可以根据时间、信号电波频率的变化（相当于船只和卫星之间距离的变化）以及船舶航速等因素，通过电子计算机计算后标定船舶精确位置。准确度可在 20～180 米范围内。

1973 年，美国国防部根据军事上的需要，开始部署了一种卫星无线电定位、导航和报时的系统，即 GPS，并于 1992 年全部建成。GPS由导航星座、地面台站和用户定位设备三部分组成。导航星座包括 24

颗卫星，它们均匀分布在 6 条轨道上，轨道高度约 2 万千米，倾角 55 度，运行周期为 12 小时。当前，GPS除了军用之外，已扩大到民用的很多方面，轮船、飞机、火车，甚至一般的出租汽车，都可以利用它导航、定位、报时。近年来，一些国家正在努力研制特高精度的卫星激光定位系统，它精度高达几个毫米，在大地测量、精密工程测量、天文、地震、大陆漂移观测等领域里很有生命力。

遥感卫星

　　人类研制的精密遥感仪器已广泛使用了红外、可见光波段和微波波段,把这些遥感仪器装在飞机、卫星和航天飞机上,可从万米高空和千里之外大范围监测地球上各种物体和灾害的变化,而且采用了大型计算机取代蝙蝠的大脑来识别回波和信号的性质,既快又准确。

　　遥感装置可以监测火情。地球上的每种物体,例如人、房屋、街道、水体、森林、山脉等都向外辐射红外线,只不过非常微弱而已,而装在千里之外的卫星上的高精尖红外遥感仪器,能把火情的范围感测出来并拍成照片,然后卫星将照片的信息变成电信号,用无线电及时地发射到地面。

　　今天的遥感技术,已使潜入海底的核潜艇、埋伏在密林之中的坦克群、隐蔽在农作物中的害虫等。

系绳卫星

系绳卫星系统是由卫星、系绳和部署器组成的，它装在航天飞机货舱内，随航天飞机进入太空，然后用"重力梯度"原理释放卫星。所谓"重力梯度"释放卫星的原理是：当系绳卫星随航天飞机入轨时，它已获得一定的环绕速度，把卫星从货舱里向上送出，使它高于航天飞机的轨道，这时卫星由于离开地心的距离增大，所以重力减少，因而会沿着一条比航天飞机轨道略高的轨道运行。从航天飞机上看，卫星的离心力大于重力，因而卫星沿着铅垂线自动爬升，直到受到系绳的长度限制为止。同理，如果把卫星向航天飞机的下方送出，这时卫星所受到的重力大于离心力，所以卫星会相对于航天飞机沿着铅垂线下降。

系绳卫星可以完成两大类飞行任务：一是用导电系绳进行空间等离子体电动力学实验；二是用它在130千米高度进行大气层实验。

系绳芯是一根周围绝缘的铜线，可供导电。当系绳穿过地球磁场并与电离层等离子体相互作用时，就可以利用电离层的电动力特征发电。这对未来的卫星和空间站很有价值。来自电离层的电子被带正电的卫星所收集，然后用航天飞机有效载荷舱里的电子枪射回太空。此时在导电的系绳中将产生向下流动的电流，预计可达44瓦～1兆瓦（直流电），成为别开生面的空间发电设施。

太阳能动力卫星

自从 1957 年 10 月人类成功地发射人造卫星以来,太阳能电池成为最主要的空间电源,并且得到了迅速的发展。1968 年,美国格拉泽博士首先提出了"太阳能动力卫星"的设想,就是把一个安装着太阳能发电装置的卫星发射到宇宙空间,由它把太阳能转变成电能。然后,用微波或激光再把它们发的电送到地面接收站,由地面站把电输送给用户。

日本在 1994 年设计了发电卫星"SPS2000"。这颗卫星是一个巨大的三角形柱体,边长 336 米,高 303 米。在两个侧面安装薄膜太阳能电池,另一面安装送电天线。卫星的重量是 240 吨,输出功率是 1 万千瓦。从 1100 千米高的赤道上空使用微波把利用太阳光发出的电力送到地面。送电 3 分钟,每个接受电力的基地,一天平均可以获得大约 300 千瓦小时电力。宇宙发电卫星也可以供给宇宙基地或通信广播卫星等需要的电力。现在的卫星安装着发电用的太阳能电池板和太阳翼,但是,如果宇宙发电获得成功,就不需要安装太阳能电池板和太阳翼了,因此可以大大降低卫星造价和发射费用。

如果能够向地球上送电,那么向没有电力的沙漠、山区和孤岛供应电力就不需要电线了。

极地卫星

极地卫星

地球轴线

在正常运行状态下,极地卫星通常固定在与地球轴线成一固定角度的位置上,这个角度经推算必须大于23.5度,才能保证极地卫星可位于地球的背阳面上空面对太阳。一般应位于离地轴约30~40度的位置。对地面上的观察者来说,极地卫星每24小时绕极地旋转一周,地面接收站也每24小时同步旋转一周,天线的方向可固定不变。如果使用面积不太大,数目也不太多的太阳帆,以及一般重量的载荷,典型的极地卫星距地球中心的距离介于30~100倍的地球半径。而同步轨道卫星的高度为地球半径的6.6倍。月球的高度为地球半径的63倍。由于极地卫星的高度与月球的高度相近等原因,极地卫星会受到月球引力的很大影响,因此必须另设控制系统来补偿。

由于极地卫星可能会出现在地球向阳面的上空,使得光压与地心吸引力方向相同,所以,极地卫星部署在南、北和正上方似乎不可能。英国的麦茵斯提出并证明,极地卫星可以很稳定地停留在南、北极的正上空,但必须达到离地270倍的地球半径高度。作为一个地球上的观察者,极地卫星就像北极星一样,所有其他星星都绕其旋转。

卫星的原子能电站

在围绕地球运转的宇宙卫星中,有一些是通信、气象等高轨道同步卫星。这种卫星体积小、重量轻,便于发射。但是它们所装载的太阳能电池,在限制体积和重量的条件下,所提供的功率有限。如果要提高功率,就要依靠宇宙原子能电站。

人类未来的星际航行少不了宇宙原子能电站。因为在远离太阳系的广漠空间,宇宙飞行器接收到的太阳能将等于零,根本不能利用。即使在太阳系以内,也会因为距离越来越远而失去利用的价值。1977 年,美国发射的"旅行者"号宇宙探测器,它"访问"了太阳系里的木星、土星、天王星、海王星,可是这四颗行星绕太阳运转的半径,分别是地球绕太阳运转半径的 5 倍、10 倍、20 倍、30 倍。因此,接收到的太阳能,只有地球上的 1/25、1/100、1/400 、1/900。这哪里还有利用的价值呢?所以,"旅行者"号宇宙探测器携带的就是一座功率巨大的原子能电站。

卫星的回收

　　卫星的回收，一般是指卫星上的收回舱的回收，是通过地面中心控制站的遥控来完成的。当人造卫星运行到轨道的最低点时，地面工作人员通过遥控装置点燃连接卫星与回收舱之间的爆炸螺栓。螺栓被炸断后，卫星与回收舱分离。紧接着由地面站发出信号，启动反推火箭，迫使回收舱的运行速度逐渐减慢，最终脱离轨道，重返大气层。

　　这时，回收舱的运行速度大约是地面音速的 25 倍，甚至更快。在速度和高度都急剧变化时，人是无法通过制导系统对回收舱进行控制的。所以，能否保证回收舱落到预定区域，几乎完全取决于对它重返大气层的轨道的计算。当降至 2000 米以下的低空时，回收舱会自动抛弃防护罩，打开阻力伞和降落伞，然后徐徐降落。

　　卫星的回收主要采用海上与陆地两种形式，也有用飞机在空中回收的。当回收舱徐徐降落时，参加回收工作的船只、车辆或飞机等都在预定区域巡逻。地面站不断地将回收舱的位置通知巡逻人员。回收舱降落后，也立即发出信号，让人们尽快找到它。

　　人造卫星的回收，不仅大大提高了卫星的利用率，缩减了经费开支，节约了原材料，而且减少了太空中的垃圾，可谓一举多得。

利用卫星揭谜

20世纪90年代初,由美国、苏联和法国科学家组成的调查"百慕大神秘三角"之谜的小组宣布,他们利用在太空运行的人造卫星进行的最新侦察,揭开了"百慕大神秘三角"地带使途经该海域和海域上空的舰船及飞机失踪之谜。

根据激光扫描的照片发现,在这个素有"魔鬼三角"地带有一个威力无穷的旋涡,能把海面舰船、九霄云空的飞机卷人深不可测的海底。这个巨大旋涡出现时只不过3秒钟。但其威力无穷,令人难以置信。它的吸引力之强,与月球影响地球潮汐的万有引力相比毫不逊色。阿科尔博士指出,在大西洋寻找这个巨大旋涡,仿佛大海捞针,因这个巨大旋涡出现时,飘忽不定,难以测摸。这也是前人未能解释"百慕大神秘三角"之谜的主要原因。

科学家的新发现主要有:巨型湍流旋涡的力度,比任何飓风威力都强,任何大地震或火山爆发的威力,无法与之相比。它的力度之强,可以影响月球上的天气,这相当于月球影响地球的潮汐涨退。突如其来的巨大旋涡出现时,海面上的舰船和天空的飞机都会被卷人海底。

1991年4月24日,当卫星发现巨大旋涡出现时,美国立即向附近一带的船只及飞机发出警告,挽救了不少人的生命。

太空放射性尘埃

1978 年 1 月 24 日，苏联的一颗带核反应堆的"宇宙一954"号军用卫星因控制系统失灵而坠入大气层，解体成许多个火球，散落在加拿大西北部地区，酿成放射性污染。

地面上是这样，太空中也如此。美国一批科学家对一些线索经过 5 年分析后发现，在地球轨道上运行的、令人迷惑不解的垃圾尘雾，原来是由一大批在轨道运行的核反应堆泄漏出的放射性尘埃形成的。估计可以测到的小碎片有 7 万个，而且还可能有数以百万计更小的碎片。这些碎片可能会损害正在工作的卫星和迫使工程师增加更多的防护措施，以帮助保护新的空间飞行器。

在运行过程中，倘若一块飞驰的碎片撞击一个大的物体，会把它击成数百个碎片，这些碎片会重复并扩大这一过程，造成一系列破坏。反应堆碎片可能在大约 960 千米上空最拥挤的轨道上造成大的破坏。这条轨道十分拥挤，导航、侦察、气象追踪以及地球自然资源等卫星运行其中。

星载粒子束武器

近几十年来,战争已发展到空中,形成陆海空立体战场。随着粒子束武器的发展, 人们已有可能把它部署到人造卫星或宇宙飞船上,而这就将开辟第四战场——太空战场。正在拟订定星载粒子束武器部署方案有两种:

第一种是远太空、少卫星方案。计划发射2~3颗携带粒子束武器的地球同步卫星,部署在远离地球表面4万千米的太空。这样,像现在覆盖全球的3颗同步通信卫星一样,星载粒子束武器能监视整个地球,组成有效的反弹道导弹防御网。无论敌人在本土或洋底核潜艇上发起攻击,只要洲际导弹一出大气层,粒子束武器即能迎击摧毁。

第二种是近太空、多卫星方案。计划将卫星部署在离地球表面1000千米的上空。卫星离地面近,有效监视面积小,因此需要发射150颗携带粒子束武器的卫星,组成一支"卫星部队",监视着全球。它们配备有远程雷达、红外或光学探测器, 能搜索和识别导弹等目标,并通过4万千米上的中继通信卫星,受地面战略中心站的指挥和控制。这支"卫星部队"威胁力极强,即使敌方同时发射1000枚导弹,只要400秒钟就能加以全歼。

卫星预报地震

　　现代地震科学发现，在地震孕育的各个阶段，地球内部和表面在震区部位将发生一些可能采集的物理信息变化。特别是地震孕育的最后阶段，震区内部岩石发生强烈裂变，同时在地球表面和大气层中也有电磁异常现象出现。如震区在震前电场产生的激变，使地球表面发生大尺度的脉冲电流，这种脉冲电流能被卫星上的遥测仪器检测、收集，并及时传输到地面接收站进行综合评价、分析，继而利用数学模型制作预报。美国宇航局发射的"地球物理观测卫星—6"号，上面就安装了遥测地磁仪器，它能连续准确记录地球电磁场的微小变化。通过实验证明，这种仪器可以及时采集地震前震区部位的低频率波段的地震前兆信息——电磁脉冲。

　　地震前，还可以听到由远及近、由近而远，像闷雷一样的轰鸣声，也可以看见从地下突然发出来的红、白、黄、橙、绿和蓝色发白的各种颜色的地光。这些都可以通过卫星观测到。据科学家预测，未来的地震预报系统是由卫星监测为中心的前兆信息采集系统、计算机为中心的信息处理系统和光导纤维为主通道的信息传输系统，以及警报系统构成的综合性预报系统。这个系统能够提供防止地震灾害的最佳方案。

"空间农艺师"

目前地球资源卫星遥感技术已应用于农业，如普查气候和土地资源，绘制土壤利用改良图、调查农作物生长发育情况和预报产量、监视和预报各种农业灾害等，为人类科学管理农业创造了方便条件，所以人们又把卫星遥感技术称为"空间农艺师"。

在农业生产中，经常发生各种自然灾害。据统计，全世界每年因自然灾害造成的损失，约占农业总产值的15%～20%。但是利用卫星图片分析资料可以严密监视各种气象灾害和病虫害的发生。在预报旱涝灾害方面，可以比常规预报方法提前5天；预报台风、寒潮等，可以提前3天。特别是对即将发生的毁灭性病虫害，卫星图片能提供准确的预报，以便提前采取防治措施。

应用卫星图片，能监视农作物生长发育情况，及时作出产量预报。美国曾对全球粮食作物播种面积及产量状况进行遥感调查，其结果与地面的抽样调查分析差异只有20%。美国利用卫星资料，对美国玉米、小麦、大豆、马铃薯等作物估产，准确率达93%～99%。

另外，卫星技术在指导科学种田，发挥农业措施的经济效益，如研究各地农田的光照、热量、水分；合理安排种植计划；适时进行田间管理等方面，都能获得良好的效果。

卫星支援农业

施肥可以使耕田增加地力，合理播种可以获得理想的丰收。不过，有多少人知道自己耕地中哪一条垄该播多少种子呢？这就是"精确农业耕作技术"要解决的问题。这种技术由人造卫星、全球卫星定位系统接收器和相应的农业机械组成。

人造卫星将地球上的所有土地按照20平方米或30平方米划分成块，然后将这些信息输入电脑。农民只要在自己的拖拉机上安装一台电脑和一架卫星信号接收器，就可以在任何时候从电子显示屏幕上找到所在土地的具体位置。农民从所有地块上都取出土壤样品，再将过去这块土地上的收成情况提供出来，电脑就会将所有这些资料都记录下来。美国一位使用这种技术的农民有2000万平方米耕地，一共划分出39种土质。在进行播种和施肥的时候，农业机械上的卫星信号接收器随时记录下耕作的具体地点，电脑随时将这块土地的土质和收成情况，通知农业机械上的自动控制装置，农业机械便可以随时调整播种量和施肥量了。这种全球定位装置可以精确到几米之内。

截击军用卫星

目前,空间攻击武器有哪些类型,它们又是怎样截击军用卫星的呢?

反卫星导弹是最早研制的空间攻击武器。整个反卫星导弹由弹头、弹体、发动机和各种仪器组成。反卫星导弹爬升到目标卫星运行的高度以后,自动导向目标,直接用弹头炸毁它。

部分轨道轰炸卫星由运载火箭发射,进入空间轨道绕地球运行,因此可以算作一种卫星。进入轨道后,在走完第一圈轨道之前,它点燃自己的制动火箭,降低原来的运行速度,以极短的时间和选定的路径落向需要摧毁的军用卫星,利用核爆炸的碎片和辐射能量击毁目标。

拦截卫星也是由运载火箭发射进入轨道的反卫星武器。但与部分轨道轰炸卫星不同,它进入轨道以后可以绕地球运行一圈以上,待机进行攻击。而且不限于使用核武器,它可以采用各种常规手段打击目标。

圆滚子反卫星轨道武器本身只是一个长30厘米、直径20厘米的圆筒,因此称为圆滚子卫星,又叫散弹。它进入轨道以后,利用头部的热寻系统寻找目标产生的热辐射,然后用小型火箭控制方向,高速撞击目标。

激光束反卫星

几十年来,尽管激光武器已取得了很大的进展,但在大气层内使用却遇到了困难。现有的激光输出在大气传输中损耗太大。例如,连续波二氧化碳激光传输 10 千米时将损耗 2/3,化学激光也大致如此。基于大气层内使用激光武器的困难,科学家则把注意力集中到它的外层空间应用上。由于外层空间处于高真空状态,所以激光能量在传输时损耗极小,将高能激光装置在卫星或宇宙飞船上,追击辐照敌方的卫星,可以烧坏敌方卫星上没有保护装置的太阳能蓄电板,使卫星的电源遭到破坏,卫星也因此而失效。对付敌方卫星,也可以利用激光技术来破坏控制飞行姿态的红外水平传感器,使卫星在高空翻滚,这样,卫星的无线电天线就会与地面的接收机失去联系。此外,还可以在卫星上配备高强度激光炮,从高空向敌方卫星发射激光束,使敌方卫星或洲际导弹失去战斗力。

激光武器在摧毁飞行目标时,不需要考虑它的射击提前量,且具有惯性小,使用灵活,可随意改变射击方向,不存在放射性污染,不易受电子干扰等优点。

激光武器以它具有的强大杀伤力而著称于世,人们因此称之为"死光"。

人类到太空去的重重困难

太空中没有空气,人类不可能维持生命。

在太空中,所有的东西都会产生失重。宇宙飞船在太空中产生失重时,使人感到非常难受,无法站稳。

对于太空中的流星可能带来的严重危险,也是科学家担心的问题。

但是,对于宇航员来说,最危险的莫过于发射离开地面和降落返回地面的时刻了。宇宙飞船发射时突然的加速度产生巨大的震动,宇宙飞船快速冲向天空,几秒钟后就达到每小时 4000 多千米的速度。当宇宙飞船的速度越来越大时,飞船上的宇航员就被重重地推回到自己的座位上,好像有巨大的重力把他压下去一样,使他不能动弹,就是连呼吸也感到痛苦。

宇宙飞船返回降落的时候是另一个极为危险的时刻。1958 年时,科学家们还不懂得如何收回卫星,所以只得忍心让小狗"莱伊卡"在太空中死掉。现在,宇宙飞船返回地面已是平常的事情了。但是,事实上却并不容易。倘若宇航员不能顺利地降落,那么,他将遭受到比加速推进时更大的痛苦。如果他降落的速度太快,宇宙飞船就会与地面相撞击而被摧毁。

把莱伊卡送上太空

1957 年 10 月 4 日,这是一个激动人心的日子。这一天,苏联人把他们著名的人造地球卫星"红色月亮—1"号送入了太空。

相隔不久,苏联"红色月亮—2"号人造卫星又紧随着它的姐妹卫星进入太空。它比第一颗卫星大 5 倍,并装载着更多的对太空进行探索的仪器,因为需要考察的科学研究项目很多。诸如太阳辐射、宇宙线、小

流星、大气压力、温度、湿度、风向、风速、地貌、游离层的密度等,同时,还带着一条狗。

这条狗叫"莱伊卡",它是太空探索的先行者。它静静地躺在"红色月亮—2"号上,它身体的各部分都捆缚着科学仪器。通过这些仪器,科学家们可以收听到关于它身体状况的信息。"莱伊卡"在太空中的生命证明,动物是可以在宇宙飞船上生活的。

紧随苏联的"红色月亮—2"号之后,又有许多苏联和美国的人造卫星进入太空。每一颗人造卫星都使我们进一步加深了对太空的了解。

宇宙飞船返回

宇宙飞船上带有一些小火箭。在返回时,宇宙飞船就向相反方向发射这些小火箭。这些火箭燃烧时产生的力量就使宇宙飞船下降的速度放慢。随后,它全部的降落伞便张开,有3~4个张开而充满空气的降落伞拉着正在降落的宇宙飞船,速度越来越慢,最后轻轻地降落到地球表面上。

宇宙飞船降落时,必须准确地沿着指定的路线。如果它垂直地急剧下降,下降的速度就会太快,小火箭的力量和降落伞都无法减缓它的速度。这样它就有可能会在大气层中被烧毁,或者可能坠毁在地面上。要是它不垂直下降,就会出现另一种危险,它不但不能返回地面,相反,有可能重新游离到太空中去,我们也许永远无法再找到它了。

在返回的时候,宇航员就必须沿着这样一条危险中的正确路线返回。为了寻找每一个宇宙飞船返回的正确路线,科学家在不倦地进行着工作。

现在,已经有几千颗不同类型的卫星在环绕地球运转,它们一方面服务于人类,另一方面还在继续探索宇宙中尚未被人类所揭示的秘密。我们已掌握了宇宙飞船安全地返回地面的技术。

开辟通天路

1961 年 4 月 12 日清晨,加加林在甜睡中被医生叫醒。他吃了一顿特别的早餐,在别人的帮助下穿上了橙色的宇宙航行服。2 小时后,他被固定在"东方一1"号火箭顶端的一个特别的小房间里的座位上。整个宇宙飞船高达 42 米,用 3 枚火箭把宇航员送入太空。

又过了 1 个小时,"东方一1"号离开发射台徐徐升起,宇宙航行开始了。它飞越过苏联、印度、澳大利亚和太平洋的上空,直到进入轨道,环绕着地球运行。

加加林的这次航行时间并不长。他只飞到 330 千米的高度,航行了 1 小时 48 分钟就返回了地面。那枚使宇宙飞船下降速度放慢的小火箭,在非洲上空就被烧掉了,当宇宙飞船那光滑的金属保护层开始熔化时,加加林从窗口看见了它发出的闪光。这是飞船唯一的保护层了,整个宇宙飞船是否也会被熔化掉呢? 加加林清楚地知道,以前的无人宇宙飞船都已安全地返回了地面,所以他一点也不担忧自己的飞船会被熔化掉。

上午 11 点,加加林用降落伞降落在苏联的一个村庄附近。科学家在离"东方一1"号着陆点 10 千米的地方等待着他的归来。加加林勇敢地开辟了人类通往太空的道路,证明了人类可以安全地进入太空。

载人航天过三关

载人航天的第一关是"上得去"。载人航天器远比人造卫星重得多，没有推力巨大的运载火箭，是不能把它们送上地球轨道的。单人宇宙飞船通常超过 5 吨，多人宇宙飞船接近 10 吨，而航天飞机的轨道器，净重达 100 吨。

载人航天的第二关是"活得好"。载人飞船虽由无人航天器(如卫星)发展而来，除保留原有各种分系统(结构、温控、电源、推进等)外，还增加了为人服务的环境控制和生命保障系统、居住系统、报话通信系统、仪表和照明系统等。宇航员出舱还要有宇航服、载人机动装置，以及发生故障时的应急逃生装置等。这些装置和系统都包含有大量的技术难题。人在太空这个完全陌生的环境里生活，尤其是微重力条件下，面临生活和心理变化的新课题，这是一门与工程技术紧密相连的航天医学。

载人航天的第三关是"下得来"。安全返回是载人航天器最后也是最困难的一关。除要把返回过程中的制动过载限制在人们能耐受的范围内以外，返回舱还要能防止经得住大气摩擦上千度的加热而不致损坏。落点精度要求要比返回式卫星高得多，以便及时发现和组织营救。这除了载人航天器自身高超的控制技术外，遍布全球的地面和海上测控网是成功回收的先决保证。

宇宙飞船的"衣服"

美国的"哥伦比亚"号载人宇宙飞船在 1981 年首次飞行中，发生了部分绝热砖脱落事件。这件事情表明宇宙飞船用的绝热材料的性能必须绝对可靠。

载人宇宙飞船沿轨道运行时的防热系统，是最引人注目的。过去在飞船船体周围，贴敷着具有特殊消融除热材料。在船体表面温度达 1260℃的部分(包括机首下部、主翼及垂尾翼前缘等部分)，用的是强化碳质材料。在 1260℃到 371℃范围内部分用的是硅砖。在 371℃以下的货舱门或主翼上面用的是诺曼克斯制成的绝热材料。此外，位于机首部分的驾驶室窗和舱口用的是特殊耐热玻璃。

硅砖是把高纯度硅纤维用黏结剂进行加固，再在 1000℃以上的高温下，经过热处理后制成的。使用时把它切割成一定的形状，加上特殊的玻璃涂层，再经一次热处理加工即可。

美国宇航局也曾经打算使用脆性陶瓷来制造飞船的外壳。目前已成功地开发了在硅砖里混掺入少量硼纤维以提高拉伸强度的耐热复合材料。除此之外，美国宇航局正在着手研制用镍合金等耐热金属，加上铌或钽做防酸涂层制成的薄型材料。

卫星式载人飞船

加加林乘坐的"东方一1"号就是卫星式载人飞船。它就像人造地球卫星那样环绕地球飞行。苏联发射的卫星式载人飞船有"东方""上升""联盟"号系列飞船。

"东方"号飞船由球形密封座舱和圆柱形仪器舱组成，总重量4730千克。球形密封座舱直径2.3米，能载1名宇航员，并设有可供飞行10昼夜的生命保障系统。仪器舱在座舱后面，里面有制动火箭、化学电池和其他辅助设备。飞船在轨道上飞行时，与末级运载火箭连在一起，总长7.35米。飞行既可自动控制，也可由宇航员手动控制。

"上升"号是世界上第一种多人式飞船，可乘坐3人。1965年3月18日，宇航员列昂诺夫离开飞行中的"上升一2"号飞船，进行了人类第一次太空行走。

"联盟"号系列飞船是多人式飞船。它由返回舱、轨道舱和服务舱组成。返回舱是宇航员经常活动的场所，宇航员乘它返回地面。服务舱装有发动机系统和各种仪器设备。轨道舱有对接口，通过它，"联盟"号飞船可在轨道飞行中与无人自动飞船、载人飞船和航天站对接。它可在轨道上长时间地自主飞行，也可与其他航天器对接或复合体联合飞行。

圆了千年飞天梦

从 1999 年 11 月到 2003 年 10 月 15 日,我国一共发射了 5 艘"神舟"飞船。

"神舟一号"飞船于 1999 年 11 月 20 日 6 时 30 分在酒泉卫星发射中心由新型长征运载火箭发射升空,飞船返回舱于第二天 15 时 41 分在内蒙古自治区中部地区成功着陆。

"神舟二号"飞船于 2001 年 1 月 10 日发射升空,飞船返回舱在轨道上飞行 7 天后成功返回地面。

"神舟三号"飞船于 2002 年 3 月 25 日成功发射,绕地球飞行 108 圈后于 4 月 1 日成功着陆。

"神舟四号"无人飞船 2002 年 12 月 30 日 0 时 40 分在酒泉卫星发射中心发射升空并成功进入预定轨道,2003 年 1 月 5 日 19 时 16 分在内蒙古中部地区准确着陆。

"神舟五号"载人飞船于 2003 年 10 月 15 日 9 时 09 分 50 秒发射升空。由中国宇航员杨利伟乘坐的"神舟五号",总长 9.2 米,总重量 7790 千克。飞船返回舱直径 2.5 米,约 6 立方米。它装有 52 台发动机,能精确调整飞船飞行姿态和运行轨道。它变轨后飞行的圆形轨道距地球 343 千米。飞船在太空中大约每 90 分钟绕地球一圈。它共绕地球 14 圈。分布在国内外的 9 个陆地测控站、三大洋上的 4 艘测量船跟踪测控"神舟五号"飞船。10 月 16 日 6 时 23 分,巡天 60 余万千米的"神舟五号"返回舱成功着陆。中国人终于圆了千年飞天梦。

"神六"更神

  "神舟六号"飞船自 2005 年 10 月 12 日 9 时上天,历经 5 天 5 夜,于 17 日凌晨 4 时 33 分,成功降落在内蒙古中部的阿木古郎草原。在经过 115 小时 32 分钟的太空飞行,完成我国真正意义上有人参与的空间科学实验后,"神舟六号"载人飞船返回舱顺利着陆。

  以"神舟五号"为基础,"神舟六号"的主要技术特点保持原状的基础上,根据两人多天飞行任务的需要,以及个别技术的发展,做出了四个方面 110 项技术改进。

  一是围绕两人多天任务的改进。"神舟六号"采用了供气体调压系统,氧气、氮气由高压钢瓶携带上飞船,使得舱内气体成分大致和地面一致。

  二是轨道舱功能使用方面的改进。"神舟六号"轨道舱放置了很多宇航员生活的必需品,并挂有一个睡袋,供航天员休息用。

  三是提高宇航员安全性的改进。如返回舱中宇航员的座椅设计了着陆缓冲功能,在反推火箭发生故障时依然能够保证宇航员安全。

  四是持续性改进。"神舟六号"上的黑匣子不仅存储量比原来大了 100 倍,数据的写人和读出速度也提高了 10 倍以上。

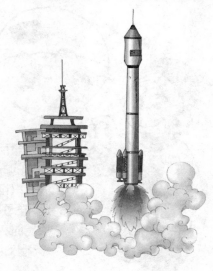

人类登上月球

1969 年 7 月 16 日,"土星—5"号火箭推动"阿波罗—11"号飞船,沐浴着金色的阳光离开了发射架,开始了人类第一次登月航行。

在奔月途中,约在起飞 3 小时以后,飞船开始进行改装。改装时,母船(指挥舱和服务舱)先与第三级火箭分离,并掉转 180 度,使指挥舱的圆锥顶与连在第三级火箭上的登月舱对接成功后,母船便拖着登月舱与第三级火箭脱离,然后顶着登月舱径直向月球飞去。

当飞船开始接近月球时,服务舱中的主要发动机点火,使飞船减速进入环月椭圆轨道。7 月 20 日,指令长阿姆斯特朗和登月舱驾驶员奥尔德林进入登月舱,与由柯林斯驾驶的母船分离,并靠着陆发动机制动进入椭圆下降轨道,然后关车。当飞船处于这条轨道的近月点时,大约离月球表面高度为 15 千米,与着陆点距离为 480 千米,再次启动着陆发动机,最后以每秒 0.9 米的速度接近月球。

登月舱内蓝灯闪亮,着陆脚上长 170 厘米的探杆终于触到了月面。阿姆斯特朗极其兴奋地向地球报告说:"休斯敦,这里是'静海','鹰号'已平安着陆。"当他走下扶梯时,他说:"对个人来说,这只是一小步,但对整个人类,它却是一大步。"

宇航员在月球上

1969 年 7 月 20 日，美国宇航员第一次登上月球。

1971 年 7 月 26 日，美国著名宇航员詹姆斯·欧文和其他两名宇航员一起，驾驶"阿波罗—15"号宇宙飞船在月球上登陆，并拍摄了人类踏上月球的影片。

欧文说，他们登上月球的时候，正值黎明，太阳在仅有 1.5 千米远的地平线上升起，日冕的光晕蒸腾跳跃着，把月球大地染成淡淡的巧克力色。由于月球上没有大气，也就没有大气的折射现象，一切都极为清晰，明亮的地方极明亮，黑暗的地方极黑暗，每个山头都投下了狭长阴森的黑影，再加上黑暗的陨石坑，使人觉得月球上的大地仿佛在起伏波动。

月球上没有风雨，没有生命，没有声音，一切都像是静止的，即使是山的影子，也看不出明显的变化。由于月球自转速度慢，月球上的昼夜大约相当于地球上的 27 天，所以在月球上工作几小时，抬头看着太阳，太阳好像还在老地方没动。月球上温差很大，"白天"最高温度达 127℃，"黑夜"最冷达 −183℃。

登月并不顺利

　　1969 年 7 月 20 日，"阿波罗—11"号宇宙飞船的登月舱在月球着陆。当他们回到登月舱，准备乘坐它的"上升级"重新进入月球轨道时，一位宇航员背着的"生命保障系统"外壳竟把"上升级"喷气推进器启动开关的塑料旋柄撞断了。倘若登月舱"上升级"无法启动，宇航员将会永远留在月球上。

　　由于没有携带任何修理工具，损坏的启动开关无法修复。宇航员连忙用无线电话向地面的休斯敦控制中心报告这一十万火急的情况。控制中心大厅的科学家无不为之震惊，他们立即在模拟的登月舱上寻找办法。正当人们为宇航员没有携带修理工具而大伤脑筋时，一位科学家突然想起每个登月宇航员身上都带着一支特别的圆珠笔。这种笔是由硬合金制成，异常坚固。科学家心想，也许可以利用这支太空笔代替已损坏的塑料旋柄去启动开关。于是，他在模拟器上反复试验，证明这个方法简单灵验。控制中心马上把这个消息通知月球上的宇航员。于是，就在 21 日 13 时 54 分，宇航员利用太空笔，启动开关的电路，瞬时接通，点火一举成功，"上升级"在喷气推进器强大气流推动下，缓缓飞离月面。

几人探访过月球

1969 年 7 月 20 日,美国"阿波罗—11"号首次成功地在月球上着陆,两名宇航员在月球上收集了大量的月球上的月壤和岩石样品,安放了月震仪,以及精确测量与地球距离的激光反射器。

1969 年 11 月,美国"阿波罗—12"号第二次登月,宇航员做了几项重要试验,带回了美国发射到月球上做探测器的部分仪器,用以科学研究。

1971 年初,美国宇航员乘坐"阿波罗—14"号第三次登月。这次他们带去一辆手推车,并把岩石装在车上拉着走。

半年之后,美国"阿波罗—15"号开始飞向月球的航程,还带去了一辆最远可行驶 90 千米的月球车。使用车上的仪器进行了一系列新的化验和实验。

1972 年 4 月,美国宇航员乘坐"阿波罗—16"号又一次成功地登上了月球,并按计划进行了多项考察、探测和科学实验。

同年 12 月,"阿波罗—17"号实现了第六次登月飞行。宇航员在月球上建立了一个核动力装置的实验室,安装了一组先进的电子仪器。两名宇航员发现了月球上曾有过水的依据。

几年间,登月人数共 12 人。

没有空气的月球

    1969 年 7 月，人类终于登上了月球。人在上月球前，已经探明月球上没有大气，温差变化极大，为了保证登月宇航员的安全健康，人们给宇航员制备了特殊的航天服和背包式生命保障系统。背包式生命保障系统中，有供给宇航员呼吸和维持服装压力的氧，有消除二氧化碳的净化装置以及装备有能和飞船、地面站通话的通讯装置，能将宇航员的重要生理信息（心跳、血压、呼吸等）传输到地面站的遥测装置，保证宇航员在月球探险中健康安全。

    月球上由于没有空气，声音无法传播，因而万籁俱寂。十分有趣的是，有时你对你的同伴还会"视而不见"哩！由于月球上没有空气，阳光照到月球上无法散射。因此，阳光照到之处明亮耀眼，阳光照不到的地方漆黑一片。

    由于月球上没有空气，你不必担心风雷雨雪等气候的变化，但要注意温度的变化。由于没有大气层的保温作用，在月球表面，中午温度高达 127℃，半夜时温度却降到 −183℃，在月球上看

天空没有颜色，黑夜看星星特别亮，但并不闪烁，因为闪烁是光通过大气造成的。最使人陶醉的是，晚间，在月球上看地球在宇宙天空发光，简直像到了人间仙境一样。

月球上的重力环境

在月球低重力环境下，人的一切生理功能是比较正常的。人在月球上行动很有意思，宇航员虽然身上穿着笨重的宇航服，背上背着一个大包，但是，走动起来却非常容易，觉得比在地球上轻松多了，似乎感受不到有什么负荷，可以轻飘飘、大踏步地走来走去，完成各种科学考察工作，并不觉得特别疲劳。宇航员认为，身上有负荷走路，反而能使步伐变得正常，行走时感觉到似乎失去质量中心似的，走了两三步才感觉到下面有脚。行走时像袋鼠那样跳跃式前进更为方便，既有力，速度也比地球上快得多。

月球上的重力只有地球的 1/6，人们携带负荷并不觉得特别重。一个在地球上能举到 200 千克重量的运动员，在月球上他能够创造举起 1200 千克的纪录。不过值得注意的是，有人认为，在月球上的跳高成绩也应该是地球上跳高成绩的 6 倍，这就错了。我们知道，一个人的跳高成绩，是由起跳时人体重心的高度，加上跳至最高点时，弹跳力使其重心提高的高度，再减去跳至最高点时人的重心离横杆的高度。人们登月的实践证明，人在月球上只要有完好的个人防护装备就能够健康安全地工作、生活，这就为人类征服月球，开发月球开辟了道路。

苏联人错过了登月时机

早在美国实施"阿波罗"登月计划以前，苏联头号宇航设计师柯罗列夫就建议将现有火箭的载重量提高 15～20 倍，建造有效负载高达 100 吨左右的"HI"号火箭。当他加快"HI"号火箭的研究步伐时，却缺少火箭的关键部分——发动机。当时能胜任发动机设计的研究单位在苏联只有格鲁什科领导的设计局。遗憾的是两位科学家对火箭发动机发展方向的看法不一致。

在 1972 年 11 月 23 日进行的第四次试验中，"HI"号火箭飞行了 107 秒。"HI"号火箭的控制系统、测量技术以及一些内部结构特征在当时都是最先进的，超过了美国用于"阿波罗"登月计划的"土星一5"号火箭。

然而，1974 年 5 月正当科学家们为下两次发射试验积极准备时，

格鲁什科取代米申成为柯罗列夫设计局的总设计师。他上任的第一天就宣布"HI"号火箭的设计方案是一个错误。新型火箭的研究在格鲁什科的领导下经过十几年研究获得巨大成功，孕育出苏联"暴风雨"号航天飞机和"能源"号巨型火箭。但是，对于柯罗列夫第一代科学家为之奋斗 10 多年的登月计划来说，却失去了最宝贵的东西 —— 时间。

月球上的核原料

20 世纪 40 年代末，科学家发现，两个较轻的原子核，例如氢的同位素氘和氚，可以结合在一起，变成一种新的较重的原子核——氦核，同时释放出巨大的能量。这就是我们通常所说的热核反应，也称聚变反应。

目前，人类的主要能源来自煤、石油、天然气和用于核裂变的铀，但这些化石燃料的蕴藏量是有限的，而其中有些化石燃料是很有用的化工原料，作为能源烧掉也十分可惜，而且还会造成对环境和生态的严重污染。因此，人类把最终解决能源问题的希望寄托于核聚变能。

以氦 3 为原料的核聚变比氢聚变更清洁，效率更高。而且与具有放射性的氘或氚不同的是，氦 3 是一种惰性气体，操作安全。

遗憾的是，这种气体很难获得，据美国科学家考察，全球的总储量只有 100 千克，大部分是由核弹头中的氚衰变而产生的。

然而，在月球表面的岩石中，却蕴藏极为丰富的氦 3，大约有 100 万吨，其中蕴藏的能量相当于地球上有史以来所有可开发矿物燃料的 10 倍！

欧洲人的登月计划

据德新社报道,在美国人登月30年后,欧洲航天专家也在为他们的首次登月活动做准备。

负责登月计划的欧洲航天局科学家贝尔纳·富万指出,再也不能排除向月球移民和使其工业化的可能性了。月球能减轻载人飞船登上火星的难度。月球对于想象力丰富者和对科学家一样具有强烈的吸引力,因此出现了像富万领导的400人月球探索者协会这样的组织。他们的目的是:为了人类的利益,促进月球探索。他们认为月球应成为人类探索太阳系的下一步目标。

这个协会表示:"我们希望通过追求这个目标,把人类最好的东西带给月球,并把月球的好处带给地球上的全人类。"

"嫦娥"奔月

2007 年 10 月 24 日 18 时 05 分,长征三号甲运载火箭托举着"嫦娥一号"卫星顺利升空。

26 日 9 时 41 分,中国国家航天局正式公布"嫦娥一号"卫星传回并制作完成的第一幅月面图像。

从"嫦娥一号"起飞,到第一张清晰、高质量的月图"亮相",中国首次月球探测经过了扣人心弦的 33 天。

中国首颗探月卫星以近乎完美的方式迈出了"准时发射,准确入轨,精密测控,精确变轨,成功绕月,成功探测"的关键六步,精确、顺畅程度令世界瞩目。

我国探月工程分为"绕、落、回"三个阶段。"嫦娥一号"顺利升空后,"嫦娥工程二期"将很快进入实质性阶段,届时将进行两到三次的软着陆巡视勘察,2017 年,"嫦娥工程三期"行动将发射一颗月球软着陆器,不仅采集月壤和岩石的样本,还要搭乘返回舱重返地球。

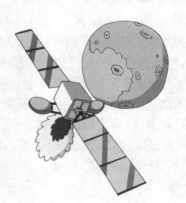

据估计,月球土壤含有大约 100 万~500 万吨氦 −3,有巨大的开发利用前景。若把氦 −3 作为可控核聚变燃料,它将是人类社会长期、稳定、安全、清洁和廉价的燃料资源。预计在 30 年后,氦 −3 将成为人类的主要能源,并能让我们的子孙后代使用几万年!

在月球上生活

　　人类移居月球后，将怎样在月球上生活呢？这跟在太阳能基地生活有点类似，但要更为深居简出。因为月亮上没有大气层，各种对人体器官有害的宇宙射线得不到过滤减弱。而且，这个地球的天然卫星会遭到规模不等的陨石物的轰击。唯一的办法是用月球上的沙土装成沙袋，在我们漂亮的月亮村上面堆一层缓冲层，外形酷似印加金字塔。

　　在月球上生活也有其优越条件：由于月球引力比地球小得多，又没有大气包围，就可以用极少的能源来完成许多任务。月亮村比空间轨道站的最大优越性在于，人们可以稳定直立，人的骨骼也不会失钙，不会有恶心的反应。而且太阳能是充沛的，很容易收集。这些能源是可以满足未来月亮居民的要求的。阿波罗登月考察结果表明，月球有丰富的矿产资源，月表岩层含有40%的氧、20%的铝、20%的硅，此外还有铁、钛等金属资源。

　　氧气可以通过化学方法从地下提取，然后配制成可供人呼吸的人造空气。氢可以从碳氢化合物中提取。氧气与氢气化合就能生成水，倘若在月球上找到冰，就更好了。有了水、空气和阳光，植物就可以生长……

航天飞机

　　航天飞机就是能进行空间飞行的飞机，以区别于航空飞机。我们通常看见的飞机，能达到的高度不过是几万米，而航天飞机能达到地球的空间轨道。它能够像火箭一样垂直起飞，冲出稠密的大气层，进入绕地球转的运行轨道，成为一艘载人飞船；在宇宙空间进行了各种科学活动之后，又能像飞机一样，重返大气层，靠惯性滑翔飞行，然后在机场跑道上水平着陆。

　　美国研制的航天飞机由三部分组成，即轨道器、外挂燃料箱和固体火箭助推器。整个看起来，就好像一架飞机竖挂在三个大圆柱子上。样子像飞机的部分就是轨道器，是航天飞机的主要组成部分。它全长37米，空重68吨。整个轨道器由三段组成：前段是发动机，然后是机翼和尾翼。它所运的货物不是从舱门装进去，而是从货舱可分开的顶部舱盖吊装进去。它能把重达29吨的有效载荷送到地球轨道，还能把14.5吨重的货物带回地面，可把7～10名乘客送入地球轨道。轨道器完成任务后，返回地面，进场检修，即可待命再次起飞。两台固体火箭助推器，是用来帮助轨道器克服地球巨大引力的，它在起飞后2分钟的时间内将轨道器助推到离地约50千米的空中，然后与轨道器和燃料箱分离，用降落伞在发射场附近的海上溅落，由船只回收，检修后再用。

航天飞机的优点

　　航天飞机作为往返于空间的运输工具,具有特殊的性能和显著的优点。它能够垂直起飞,水平降落,同时还能在空中横向飞行。在轨道上运行时,可以进行多次空间机动飞行,以完成各种交会、捕捉等任务。它能处理飞行过程中出现的各种故障,具有较高的安全飞行能力。它能够提供优越得多的力学环境条件,同火箭相比,人或货物受到的冲击和振动小得多。因此,用航天飞机在轨道上布置的各种卫星,可以大大简化设计。航天飞机上的乘客,也不必经过严格挑选和特殊训练,需要上天工作的科学家、工程技术人员和医生等,只要经过一段时间的训练就可参加飞行。

　　航天飞机在任务完成以后,退出轨道,靠滑翔返回地面机场,着陆速度与一般超音速飞机差不多。不过,航天飞机在重返大气层时速度极高,与空气摩擦产生高热,所以对机体表面覆盖的一层隔热材料要求很高。

　　航天飞机经过一次飞行后,可能被陨石和气动加热弄得满目疮痍。但经过整形修理后,可以焕然一新,再进行下次飞行。每架航天飞机,可以重复飞行 100 次以上。

航天飞机的"盔甲"

航天飞机对外壳防热材料的性能，有许多苛刻的要求：既能经受进入大气层时，由于机身同大气剧烈的摩擦所产生的一千几百摄氏度的高温，又能经受在轨道运行时从 121℃到 −156.7℃的温度交变，还能重复使用 100 次以上，具有优异的隔热、防水性能和非常小的密度等特点。

科学家从 20 世纪 70 年代便开始了艰辛的探索，一种结构独特、功能多样的防热瓦终于诞生了。

这种防热瓦实际上是一种纤维隔热材料的特种陶瓷涂层的复合体。它的基体是高温氧化物陶瓷纤维。为了使它成型并具有一定的强度，先要把陶瓷纤维用一般陶瓷的成型工艺制成毡块，再经浸渍胶黏剂后在 1000 多摄氏度烧结成材，然后按需要的尺寸切成瓦。它的重量很轻，不足普通耐火砖的 1/15。多气孔瓦的隔热能力，比一般耐火砖高 5~10 倍。为了赋予它防水防潮的性能，又具有独特的辐射散射本领，在防热瓦的表面又加涂了一层致密的特种陶瓷或玻璃质涂层。这层涂层一是能有效地防水防潮，二是能增加瓦的紧固性，三是能把 85%~90%的入射热能再辐射到空间去。这样，剩下的 10%~15%的热也几乎都被 95%的多气孔的防热瓦所隔绝。

航天飞机防热瓦

航天飞机进入大气层时，表面各部位的温度具有明显的差别，这就要求防热的能在不同温度下使用。整个机身外壳需要防热的面积大约有 1100 平方米，其中除头锥帽和机翼前缘等 40 平方米的部位温度最高(1400℃~1500℃以上)，需要用碳—碳复合材料做防热壳以外，其余部位表面均要铺覆上不同种类的防热瓦。在机身下腹部表面等部位，最高温度可达 1000 多摄氏度，需采用高温防热瓦，铺覆面积大约 400~500 平方米，每块瓦长和宽各为

防热瓦

15 厘米，共需 2 万多块瓦。在机身侧面和垂直尾翼的表面，温度比下腹部要低些，通常采用中温防热瓦，铺覆面积约 200~300 平方米，每块瓦长和宽均为 20 厘米，共需 7000 多块瓦。在机身和机翼的上表面，温度不到 400℃，通常用低温防热瓦常采用用室温固化的硅橡胶。这个部位的铺覆面积大约 300 平方米，需几千块防热瓦。

"哥伦比亚"号航天飞机正是因为穿上了由 3 万多块防热瓦做成的盔甲，才使它在热与火的侵袭面前安然无恙。

宇航发射场

　　宇航发射场是卫星和飞船起飞的基地。最著名的宇航发射场要数肯尼迪航天中心。航天飞机发射台位于该中心 39 号发射阵地,是整个中心发射阵地中规模最大、地面设备最完整的发射阵地。发射台是竖立运载火箭实施发射的地方。发射台由两部分组成,底座和竖在其上的脐带塔。脐带塔又叫供应塔,支撑着各种管道和电缆,负责向航天飞机运载火箭供气、供电、供燃料,塔上设有 9 个摇臂,17 个工作平台,塔顶装有一部 25 吨的悬臂起重机,可在 360 度范围内工作。

　　和发射台脐带塔并驾齐驱的是勤务塔,它是桁架式钢结构,高 127 米,总重 4250 吨,塔上设有 5 层封闭式工作平台,它的功能是在准备发射期间为运载火箭安装危险的物品和其他不便于总装厂安装的设备,它在发射点火时撤出,停放在 1.6 千米以外的场地。

　　发射控制中心是一个 3 层楼的建筑物,离总装测试厂房不远,主要负责发射前的检查和发射时的指挥。控制和监视是发射场的神经中枢,中心控制室装备着 1.3 万多台电子计算机和仪器设备,实施对整个发射的指挥控制。

　　在发射台东北角,离发射点 440 米远的地方矗立着一座巨球形罐。它们通过特殊的管道与发射台的脐带塔相接,向运载火箭输送燃料。

航天飞机的任务

航天飞机可以把"空间实验室"送入空间。科学家在空间实验室里，不但可以进行地球资源的探察，进行空间加工和制造，而且还可以展开各种基础科学的研究。

航天飞机可以在近地轨道间往返运送各种应用卫星和科学卫星。由于航天飞机的货舱容积庞大，每次可以容纳多达几十吨的有效载荷，因而具有运载大型卫星的能力。可以发射高轨道卫星和星际探测器。在失重条件下，航天飞机只用一种推力不大的自旋末级火箭，就可以把通信卫星、气象卫星或地球资源卫星发射到近3.6万千米高的地球同步轨道上。可以作为未来大型空间结构的运载工具和建造平台。利用航天飞机一次次地运送设备，人们便可以在地球轨道上组装大型太阳能电站、大型空间加工厂、太空医院。

航天飞机能够捕捉敌人的卫星，把它带回地球。航天飞机在外层空间能及时发现来袭的洲际导弹，并进行安全、可靠的拦截。航天飞机还可用来摧毁对方的地球轨道上的军事装置和太空船，甚至可以用来携带远程激光武器，来摧毁地球上的核子导弹基地。

此外，在勘探矿藏、预测地震、预报地震、预报气象、预告旱涝、侦察海洋鱼群、侦察农作物的病虫害等方面，都有它独到的优越性。

太空行走

　　1984 年 2 月 7 日,有两名美国宇航员在不系安全带的情况下走出航天飞机,在太空里"行走"一段时间,又安全地进入了"挑战者"号航天飞机。

　　美国宇航员的太空"行走",引起了人们的浓厚兴趣。尤其是时速 2.8 万千米的"行走"速度,更令人"叹为观止"。那么,这里的奥妙在哪里呢?

　　时速 2.8 万千米,相当于超音速喷气飞机速度的 20 多倍,对于站在地球上的人来说,可说是风驰电掣的"神行太保"了。其实,这正是离地球 280 千米高空轨道的航天飞机赖以不坠落所必须具备的环绕速度。因此,只要乘在航天飞机上,就可以获得这样的速度。美国宇航员布鲁斯·麦坎德利斯和罗伯特·斯图尔特滑离"挑战者"号进入茫茫太空后,便是靠了这个惯性速度,成为继续绕地球运动的"人体地球卫星"。而这个速度听起来似乎很吓人,其实,地球作为绕太阳运转的一颗行星,时速高达 10.8 万千米,几乎为这两名宇航员绕地球旋转速度的 4 倍!地球上人们都身处如此高速,但能毫无感觉,难怪宇航员以时速 2.8 万千米,在太空轨道上"行走",也能若无其事,"胜似闲庭信步"了。

摘下天上的"星星"

1984 年 11 月 12 日和 14 日,美国航天飞机"发现"号,从地球轨道上"摘下"两颗"星星"——人造地球通信卫星,并把它们运回地面。这两颗"星星",一颗是印尼的"帕拉帕—2"号,另一颗是美国西方航空公司的"西联—6"号通信卫星。

九重天外摘星星的过程分两个阶段进行:首先是"追赶",然后是"捕捉"并"搬运"。

这两颗卫星由于火箭发动机失灵,进入了一条"无用"的椭圆形轨道。而航天飞机的圆形运行轨道一般离地面 300 千米左右。为了"捕捉"卫星,从 1984 年 5 月到 10 月,美国地面站的工程师们利用遥控信号,把卫星的椭圆形轨道变成了圆形轨道,并且把它们的运行轨道的高度降低到接近航天飞机的运行轨道。"发现"号用了 4 天时间"追赶"上了这两颗卫星,把航天飞机和卫星之间的距离缩短不到 11 米。

这时,宇航员穿上"航天喷气包",手持 6 米长的杈杆"飘"上去,插入卫星尾部的火箭"喷气管",杈杆前部像雨伞一样,自动张开固定在卫星尾部;然后航天飞机上的机械手臂伸出去,由另一名宇航员将卫星顶部的天线夹住,接着把揪住头尾的卫星拖进货舱指定位置,盖上锁住。

11 月 14 日,他们又摘取了另一颗"星星"——美国的"西联—6"号通信卫星。

给卫星看病

1984 年 4 月 10 日，美国航天飞机"挑战者"号在太空中修理一颗发生故障的太阳活动峰期探测卫星。

这颗太阳活动峰期探测卫星，是 1980 年 2 月发射进入运行轨道的。由于保险丝出了故障，10 个月之后，也就是 1980 年 12 月就基本停止了工作。

太阳活动峰期探测卫星需要更换烧坏保险丝的姿控舱和置换日冕仪——偏振计试验中的一个电子设备盒。

首先是置换姿控舱，这件工作比较简单，使用电扳钳、活扳子之类的工具就可以解决了。太阳探测卫星有 7 个主要的试验。为了获取试验结果，其中有 4 个敏感器必须非常正确地指向太阳。可是由于保险丝失灵，卫星的指向长期处在一个很不精确的状态下，这 4 个敏感器就无能为力了。更换了姿控舱之后，恢复到精确的指向，探测试验就又能继续进行。

其次是更换日冕仪器的电子设备盒，这是一件比较复杂的工作。先得取下绝缘体，拆下螺钉固定的人口板。接下来拆掉 12 根电线，最后换上一个电子设备盒和一个盖子。接着，卫星就像医治好创伤的小鸟一样，又飞回到太空轨道上去了。

一天看 16 次日出

在载人航天器上生活的人，因为航天器绕地球轨道飞行，每飞行一圈可以看到一次日出。40 年来的载人航天器的运行轨道都还是近地球轨道，飞行高度一般在 300 千~600 千米，绕地球飞行一圈需 90 分钟左右，所以在航天器中的人，24 小时之内可以见到 16 次日出。

在宇宙间看日出，不受气候影响。由于太空没有气象上的云雨天气，在太空看日出是十分壮观的。美国一位宇航员说，航天飞机飞行速度很快，太阳出来时好像"迅雷似的"一跃而出，太阳落山时也一样迅速地隐去。日出前，先出现鱼肚色，接着是几条月牙形彩带，中间宽两头窄，两头隐没在地平线上，突然，耀眼的太阳从彩带最宽处一跃而出，一切色彩顷刻消失。每次日出日落仅仅维持很短暂的几秒钟时间，但至少可以见到 8 条不同的彩带出没，它们的鲜红色变为最亮最深的蓝色。12 小时之内可以见到 8 次日落日出，而彩带没有一次是相同的。地面上的彩虹，七种颜色搭配，到处都一样。而彩带的颜色，每次都在变。彩带的密度每次也不尽相同。

从太空看地球

美国航天飞机"哥伦比亚"号的宇航员约瑟夫·艾伦描述了在太空看地球的情景。

他说："地球不再像从高空飞行的飞机上所看到的那样扁平。它成了一个球体……当我往下看时，看到物体是一层层的，看到云层高悬在空中，它的影子落在阳光普照的平原上，看到印度洋上船舶拖波前进，非洲一些地方出现灌木林火，一场雷电交加的暴风雨席卷了澳大利亚的大片地区，呈现出整个大自然的一幅立体风景画……"

太空中观察海洋，就会发觉海洋的颜色随着太阳照射的角度不同而不断变化。当飞船刚刚飞出地球的阴影时，所看到的海洋颜色很深，几乎是黑色的。太阳照射的角度越接近于垂直，海洋就显得越明亮。起初，海洋是蓝灰色的，接着变成蔚蓝色。

长期生活在太空的宇航员，还能看到地球是如何随季节变化而更换"服装"的。1982年，苏联宇航员在空间站生活了7个月，经历了一年中的几个季节。在观察北半球时，他们有过这样的发现：起初，绿色不断地向北延伸，而白色的雪原逐渐后退；过了一段时间，田野和森林染上金黄色；最后白色又自北向南逐渐延伸，绿色向南退去。

"挑战者"号

1986年1月28日11时28分，在阳光照耀下，"挑战者"号航天飞机熠熠生辉，即将开始它的第10次飞行。这次，它将满载着全体美国儿童的希望，把康科德中学的女教师克里斯塔·麦考利夫和6名宇航员送上太空。突然，"挑战者"号右侧火箭助推器冒出一股火苗，火舌蹿出，越烧越大，迅速吞没了巨大的外部燃料箱。刹那间，"挑战者"号变成一个橘红色火球，随即分出许多小叉，拖着火焰和白烟四下飞散。两枚固体燃料助推火箭脱离火球，因失去控制呈"V"字形向前上方飞去。

天空中飘落的无数碎片与浓烟搅在一起，犹如长着两只脑袋的恐龙图案。"挑战者"号航天飞机升空只有73秒钟，便在爆炸声中化为灰烬。

调查结果表明，当"挑战者"号起飞后外挂燃料储存箱里的超冷火箭燃料渗漏到助推器连接处时，结了冰的密封胶垫未能封住火箭侧面冒出来的火焰，从而导致爆炸。所有发射航天飞机的计划全部暂时停止，间接损失高达数十亿美元。

宇宙射线与航天

航天员在宇宙航行中，会受到宇宙辐射的伤害。太空的宇宙辐射源，主要是来自银河系的宇宙辐射、太阳宇宙辐射、地球辐射带。

载人航天器飞行的轨道，都是近地球轨道，在200～700千米处，航天器中的航天员，接受的辐射剂量，比地球上的人要多，但由于舱壁金属的防护，实际接受的辐射剂量，还能在允许范围之内。因此航天员并没有受到宇宙辐射的伤害。

但是，乘苏联"联盟—35"号飞船飞行175天的航天员，接受的辐射剂量达到7雷姆（这是人体的某些重要器官的临界允许剂量），引起了航天医学专家们的重视。美国"阿波罗"飞船上的航天员，在一次飞行中眼睛出现闪光感，专家们认为这可能是宇宙辐射的高能粒子作用于视网膜引起的生物效应。航天员在航行中接受宇宙辐射的剂量多少还和轨道高低有关。轨道高接受的剂量大；轨道低接受的剂量小。未来的载人航天飞行，航行时间更为长久，航行的高度也更高，出舱活动也会愈来愈频繁，航天员接受宇宙辐射的剂量将大为增加，对宇宙辐射的防护难度将更大。

太空垃圾

"太空垃圾"就是人类在进行航天活动时抛入太空的各种物体和碎片。它们多数停留在距地球表面 200~1000 千米的地球轨道上。

这些垃圾大致可分为三类:第一类是现代雷达能够监视和跟踪的比较大的物体,主要是各种卫星(包括尚在工作和已经不再工作的卫星)、卫星保护罩、各种部件等。预计到 2138 年,在 500 千米以下的地球轨道上将有 9.6 万件这类太空垃圾。第二类是个体很小,无法用地面雷达监视和跟踪的各类小碎片,其数量无法计算。这类太空垃圾主要由卫星、火箭发动机等在空间爆炸而产生。1986 年 11 月,法国的"阿里安"火箭第三级发动机的一次爆炸就产生了 460 多块碎片;第三类是美国和苏联都发射过的利用核反应堆提供动力的卫星。现在,太空中还有几十颗这类卫星围绕地球运行。目前,这类卫星送到地球轨道上的核燃料已多达 3 吨。

大量的太空垃圾不仅是航天飞行的潜在威胁,也会对地球上的人类造成危害。1983 年,美国"挑战者"号航天飞机在空间飞行时,飞机窗口曾被一块空间碎片击中。1978 年,苏联"宇宙—945G"核动力卫星再入大气层时,将大量放射性碎片溅落到加拿大领土上,引起了各国政府和人民的极大关注。

太空垃圾坠地

太空科学家们采用各种办法对太空垃圾的产生及其数量和危害进行观测。美国科学家们用高倍望远镜向天空分区观察，然后用"外插法"计算，推定约有3万~5万件"废弃物"在地球轨道上飞行。

据太空科学家估计，在近地轨道上除了这些可测见的"废弃物"外，还有几百万个微小的碎片。

美国科学家约翰逊说，坠落地表的大片碎渣"总是会对财产和生命产生危害，但是可能性不大"。约翰逊说："已有1.5万多次碎片返回地球的现象发生，但其中有些碎片非常小，在大气层中就烧掉了，没有微粒抵达地表。我们每年有几十个火箭箭体返回地球，其中3/4都落在水里。"

由于海洋占地球表面的3/4，太空中降落的物体只有1/4的可能性落在陆地上。

物体的体积越大，坠落地表的可能性就越大，碎片散落的范围也越大。

围绕地球以每小时2.8万千米旋转的垃圾可能给太空中的宇航员惹麻烦，这也是在太空中建造国际空间站的主要原因。随着进入太空的各国制造火箭的技巧越来越娴熟，太空垃圾的数量将越来越容易控制。

太空垃圾十分危险

太空垃圾与正在运转的航天器发生碰撞的事情已经发生过许多次。修复哈勃太空望远镜的宇航员在该仪器的一根天线上发现了一个方洞，这是由太空碎片造成的。

"长期辐射装置"（一个同轿车一样大小的卫星），在轨道运转的 6 年期间，留下了 3 万多个被太空碎片或者小行星撞击的痕迹。

据证实，俄罗斯卫星"宇宙—1275"号就是与太空垃圾发生碰撞后毁灭的。另外，美国发射的一些小绳系卫星就是因为太空碎片将连接卫星与其他航天器的绳索切断而丢失的。

法国军事卫星"樱桃"号于 1996 年 7 月底被一个公文包大小的碎片击中，使"樱桃"号卫星长 6 米的稳定臂被拦腰折断，导致该卫星在轨道上倾斜。

大约 9500 个绕地球运转的物体（每个至少同棒球一样大）正处于航天监视网的监视之下。由于这些物体在轨道上获得了极高的速度，会给正在飞行的航天器带来危险。

太空垃圾的清除

当前,科学家已提出了一些限制和减少太空垃圾,以致最终消除它们的方案。

一是减缓方案。将运载火箭设计成"无垃圾"型,除由火箭载送入轨的航天器外,其他部分在完成运载使命后,都丢弃在很低的高度并以很低的速度飞行,使它们很快坠入大气层烧毁。对于与航天飞行器同时入航的末级火箭等,则设法排空其剩余的推进剂或气体,以避免它们发生解体或爆炸。一次爆炸就可能产生数百上千个碎片,再加上碎片相互碰撞,碎片总数将会急剧上升。同时还要大力提倡"一箭多星",控制和减少航天发射次数,从根本上减少太空垃圾的来源。

二是搬移方案。搬移是指利用一个有机动能力的航天飞行器,去接近和捕捉轨道上已报废的卫星和末级火箭,将它们加以回收,或者给它们施加一定的速度,将它们推至不影响航天活动的轨道上去。

三是清除方案。对付太空垃圾,主要办法是使它们的原有轨道下降到大气层时烧毁。对大量的、较小的太空垃圾,可以利用一种大型泡沫材料气球,去拦截并吸收它们的动能,使其运行至轨道的近地点,降到大气阻力可以使其再入大气层的区域。也有人提出,利用高能激光主动照射太空垃圾,使太空垃圾减速变轨或化为灰烬。

太空核废料场

1千克铀235经过裂变反应所释放的原子能,相当于2500吨优质煤燃烧产生的能量。然而,如果处置不当,它将会严重影响和污染环境,给人类带来严重的灾难。

经过反复研究,科学家们找到了一个比较理想的场所,这就是以太阳为中心,以0.85AU(AU:天文单位,是地球与太阳之间的平均距离,等于149.5×106千米)为半径的日心轨道。这个轨道在地球与金星之间。把核废料送到这样的轨道上,可在金星与地球之间稳定运行100万年,完全可以达到使地球环境免受核污染危害的目的。

核废料的太空运载系统包括航天飞机以及置于航天飞机货舱内的重返大气层飞船,可重复使用的空间拖船及仅供一次使用的太阳轨道飞船。

航天飞机进入地球上空300千米的低地轨道后,由机械手将核废料从重返大气层飞船的防辐射罩内取出,安装在太阳轨道飞船上,由空间拖船送入通往日心轨道的转换轨道。在转换轨道后一阶段,空间拖船与太阳轨道飞船分离,飞回低地轨道,与航天飞机交会,并由机械手捕捉进入货舱,带回地面等待再次使用。

飞船也能诱发闪电

1969 年 11 月 14 日上午，美国肯尼迪角第 39A 号发射场上，观众在微微细雨中等待"阿波罗—12"号飞船发射。这次发射是筹备已久的载人登月飞行，引起了人们极大的兴趣。

气象专家报告：240～450 米之间和 650～3300 米之间有云，低云高度和地面风速都在允许限度之间，距离发射场 32 千米范围内没有雷电。发射定于上午 11 时 22 分。

火箭准时点火起飞后，飞行稳定正常。但是飞行了 36 秒钟，到达 1920 米高度时，云层—火箭—地面之间，出现两道平行的蓝色闪电。指令舱中的警铃响了，由于雷击，三个燃料电池与母线自动切断，造成飞行平台失控等一系列不正常夫人工作状态。当飞行 52 秒钟后，飞行高度到达 4300 米时，第二次闪电出现了，登月火箭遭到进一步破坏，航天飞行眼看就要矢事！宇航员们火速采取应急措施，启动备用电池、迅速排除故障，这才保证了火箭按预定飞行程序，到达月球。

事后，美国宇航局召集有关单位，一同调查研究。结果表明：这次事故是在没有自然雷电存在的条件下，因发射飞船，人为改变了大气电场而引发了雷电现象。科学家们把这种雷电称之为"诱发闪电"。

宇宙航行与人工环境

1995 年 3 月，俄罗斯宇航员波利亚科夫在"和平"号空间站创造一次连续太空飞行 438 天的纪录，并健康地返回了地球。我们得感谢科学家为宇航员建立了一整套生命保障系统，才使人类得以离开地球，进入太空，进行长时间的工作和生活，而后又安全返航。

载人宇宙飞船和空间站里，都有个人工大气环境，它的压力和成分与地面大气相接近，其中氧约占 20%、氮约占 80%。然而，人每天需要吸入氧气，还要呼出二氧化碳，怎样才能保证飞船有足够的氧呢？科学家想出种种办法，利用一种装置"氧源"自动吸收舱内的二氧化碳，然后放出氧气，以此来保证氧的平衡。人每天要消耗水，同时在汗、尿、便中又要排出大量的水分。于是飞船里安装了水的再生系统，将汗、尿、便的水搜集后加以净化，反复循环，供人使用。

飞船中废弃物的处理也是不可缺少的。国外发生过多起因舱内卫生条件不良而中止地面模拟实验和飞行的事例。通常，在抽水便桶里装有塑料盒，宇航员的粪便落下，阀门迅速关上塑料盒，外包橡皮袋，投入废物箱，再弹射到太空，进入大气层后被烧掉。

有趣的是，最早提出"环境科学"这个词汇的就是宇航学家。那是美国学者在研究宇宙飞船中人工的环境问题时提出来的。

降落计划不一样

　　过去,美国载人宇宙飞船返回时常采用落入海洋的旧方式。而苏联所有的宇宙飞船都降落在陆地上。

　　为什么美国和苏联两国制订的宇宙飞船降落计划如此不同呢?我们打开世界地图,便可发现:苏联本土的陆地极广,在它周围的海洋多属严寒或在条件上对宇航员潜藏着极大的危险,除非降落后能在极短的时间内将宇航飞船打捞出水,否则宇航员就难免出现意外。在苏联,唯一暖和一些的水域是黑海和里海,波罗的海仅在夏季能够使用。

　　尽管美国本土也有广大的陆地,但是,要找一处适合宇宙飞船着

陆而又人口稀少的理想陆地,就不简单了,这些地点不是山就是炎热而高温的沙漠,或是冰雪严寒的草原,本不利于人类居住,当然更不利于宇航员的降落了。而在巴哈马群岛以北的广阔海洋区,飓风甚少,其中气候及海洋情况,可说终年都处于良好状态。因此美国太空计划的第一阶段,就选择了水面降落。

小型航天飞机

在位于南太平洋的美国萨摩亚群岛上，一架波音 747 飞机马达轰鸣，正沿着机场跑道滑行。波音 747 飞机的背上还"驮"着一架小飞机，外形很像航天飞机。两架飞机离开跑道，腾空而起，向碧波浩瀚的海洋飞去。当飞机到达 1.2 万米高空时，小型"航天飞机"脱离机体，翘起机头，急剧升高，只需几分钟就进入 444 千米的高空轨道。

这种小型航天飞机载运货物的费用，仅为目前航天飞机载运等量货物费用的 1/5。它虽然不能像航天飞机那样在太空中暂时作为空间站使用，但它比航天飞机设备简单，任务单一，易于操作。

小型航天飞机被放置在波音 747 飞机的机背上，以 747 飞机作为第一级发射火箭。这样做有许多优点，首先可以降低发射费用；其次，小型航天飞机可以在任何机场起飞，凡是适合于波音 747 飞机起飞的跑道均可使用。

小型航天飞机能够在指定地点与一个或几个太空站会合，并且可以拆除这些空间站中最有价值的仪器，以备重新使用。

设计"离子土壤"

　　据估算，飞船以每秒 16.7 千米的速度飞行，一年才能到达木星，两年才能到达土星。到太阳系中最远的冥王星上旅行，足足需要 19 年。在漫长的旅行中，宇航员需要不断吃到新鲜的蔬菜，才能满足人体的营养需要。要在飞船中种植蔬菜，可真是个难题，地球上带去的土壤会污染宇航环境，在失重的情况下，用水栽法又行不通。怎么办呢？

　　科学家发现植物从土壤中吸收的营养，仅占土壤总重量的千分之一。因此，他们设想把植物所需要的营养成分浓缩在一种物质里，用这种物质来栽种蔬菜。他们设计了一种神奇的"离子土壤"，这种"离子土壤"是用离子交换树脂制成的。"离子土壤"海绵状的体内贮藏着植物所需的营养物质，它能不断地向植物提供所需的钾、钠、钙等离子。科学家在"地球星际航行模拟站"上做了试验，在与世隔绝一年的温室内，种植了卷心菜等蔬菜，结果连续获得 10 次丰收。为了防止"离子土壤"在失重的情况下散失，他们把离子交换树脂熔化成黏稠状液体，再加压从小喷嘴中吐出像人造丝一样的丝条，织成离子地毯。平时卷成一团贮存，使用时只需平摊开来，浇上一些水，就可以种植蔬菜。有了这种"离子土壤"，宇航员就可以在漫长的星际航行中，吃到新鲜的蔬菜了。

植物在太空生长

　　在 20 世纪 60 年代初，随着美国、苏联两国载人航天的兴起，科学家开始了太空栽培植物的实验。最初是把小球藻、洋葱、黄瓜、胡萝卜、小麦等的种子送上太空，研究宇宙空间的各种因素对植物生长的作用。1978 年，苏联两名宇航员在"礼炮—6"号轨道站上品尝了他们在太空亲手栽种的洋葱头。1979 年，"礼炮—6"号上的兰花长出了新枝绿叶。在美国航天飞机的历次飞行中，几乎没有停止过太空栽种植物的实验。1983 年 11 月，"哥伦比亚"号航天飞机的欧洲"太空实验室"专门开辟了一处轨道植物园。宇航员在飞行中对 8 棵正在发芽的向日葵进行了观察，拍摄了向日葵在失重条件下的生长情况。1984 年 4 月，"挑战者"号航天飞机把一个盛有 1400 万粒植物种子的实验装置带上太空，其中包括蔬菜、水果、花卉等 120 个品种。这个装置在太空轨道上运行 10 个月之后，1985 年由宇航员带回地面，用以研究太空失重状态对植物萌芽的影响；了解宇宙辐射是否能改变这些植物的遗传密码，从而培育出一些更有价值的新品种。

液滴动力实验

1985 年 4 月 29 日,美国"挑战者"号航天飞机再度发射,进行第 17 次航天飞行。在这次飞行中,美籍华人科学家、宇航员王赣骏博士成功地进行了液滴动力实验。

所谓液滴动力实验,也被称为零地心引力的液态状况研究。该研究是液体在无地心引力和无容器状况下的动态研究,所以,也叫"两无"实验。

我们知道,在地面对液体的物理状态进行研究是不能离开容器的,而容器对实验是有很大影响的。尤其是在高温条件下,由于受容器"污染"的影响,许多实验只能限制在理论研究方面。直到人类登上太空之后,才能在"两无"条件下进行金属液滴实验。

在太空进行的液滴实验时人们观察到:一滴滴形状各异的金属溶液,悬浮于半空中。王赣骏说,只有在太空中才能做出这种无容器的耐高温或超低温的实验。

王赣骏液滴动力实验获得圆满成功,对整个流体动力学的研究,无容器冶炼先进技术的开发,以及天文物理和地球物理理论的运用等,都做出了突破性的贡献。

发展载人航天

几十年来,人们在开发航天器高位置和高速度资源以获取、传输和转发信息方面取得了明显成就,如通信卫星、遥感卫星的广泛应用。开发这类信息资源,在现有技术条件下可以实现全部自动化,不需要人的参与,不受载人航天的制约。

进一步开发空间能源和物质资源,如利用航天器微重力环境制备高级材料和高级药品,在空间获取能源和建立电站等,由于获取、加工、运输和存储的主要是物质或太阳能,因此,采用的方法和过程,所需的装备、设备和设施要复杂得多。在现在和可预见的将来,还很难做到全部或大部分自动化。这就需要人在空间现场参与工作,以解决那些靠机器不能全解决、难以解决或代价过于昂贵的各种问题。如开发月球资源,就需要人进驻月球长时间的参与工作。因为需要人在空间现场直接参与工作,所以必须为人创造一个可以在空间长期生活和工作的条件,这就需要发展载人航天。

研制空天飞机

我们乘坐的飞机,只能在大气层里航行。因为飞机的翅膀在空气中才能产生升力,飞机上的发动机还要靠空气中的氧气助燃才能工作。另外,由于地球具有吸引力,要想挣脱它,绕着地球转圈子,不落回地球,飞机的速度必须达到每秒 7.9 千米。如果要飞出地球到其他行星去,所需要的速度还要高。飞机的最高时速是 3523 千米,就是每秒 0.98 千米,大约只有每秒 7.9 千米速度的 1/8。如此缓慢的速度无论如何也是飞不出地球去的。飞出地球的唯一工具是火箭。

"空天飞机"是"航空航天飞机"的简称。这是一种既能航空又能航天的飞行器。

航天飞机只能在发射台上垂直起飞,采用火箭发动机作推进系统,双级入轨,只能部分重复使用,可担负航天运载任务。空天飞机则可以水平起飞,采用航空、火箭两种发动机作推进系统,可任意选用两级或单级入轨方式,可完全重复使用,既能作航天运载器,又能作航空飞机。

空天飞机最诱人的特点是它第一次把航空发动机引进航天领域,从根本上改变航天运载器只采用火箭推进的模式,从而将导致航空航天技术的一场革命。

铯铷是宇航珍金

铷和铯是化学性质非常活泼的两种金属。

铷和铯有一个极为重要的性质，就是它们所产生的辐射频率具有长时间的稳定性。因此可以作为微波频率标准。一种准确度极高的铯原子钟和铷原子钟，可以准确地测量出十亿分之一秒的时间，它在300年中的走时误差不超过5秒钟。现在不少国家已经利用这种原子钟来报时。这对科学研究、交通运输和远程航海都有重大意义，而对那些必须异常准确地来执行使命的导弹、人造卫星和宇宙航行的重要性就更大了。另外，利用这种原子钟还可以测出和校正天体间的距离，利用铯或铷制的光波放大器还可以检验出肉眼根本看不见的星座发来的光线。

由于铷、铯最容易电离，因此很有希望用于制造离子火箭推进器、磁流发电机和热电换能器。一架带有500克铷和铯的离子推进宇宙飞船，其航程大约是目前常用的装有液体或固体燃料飞船的150倍。同时，用铷或铯的离子来推进飞船，还可以避免因带着巨量液体或固体燃料的宇宙飞船返航时可能发生的爆炸危险。飞船上各式各样的铷或铯制仪表、钟表还能保证飞船飞行的高度准确性。所以，人们把铷和铯誉为"宇宙飞行时代的珍金"是有道理的。

穿透"铜墙铁壁"

自 1961 年 4 月 12 日，苏联著名宇航员尤里·阿列克谢耶维奇·加加林乘"东方一1"号飞船，绕地球飞行一周以来，每当宇航员从茫茫太空重返地球时，在大气层中总是碰到一堵奇特的"空中屏障"，使天地间的无线电通信骤然中断数分钟。

原来，当高速飞行器由太空钻进稠密的大气层时，与大气发生强烈摩擦，飞行器表面温度骤然升高几千度，飞行器周围的空气分子立即发生分解和电离，产生高温等离子体层，它牢牢罩在飞行器上，把宇航员同地面的通信切断。

俗话说："一物降一物"。波长约在 1~0.1 毫米，即频率在 300 千兆赫至 10 兆兆赫范围内的亚毫米波，就能穿透这空中"铁壁铜墙"，赢得了太空"穿山甲"的美称。

亚毫米波是指波长比毫米波还短的波段，它的频带比毫米波起码高 10~100 倍。因此，它的频带很宽，通信容量极大，是当今除了激光通信外的最大容量通信。亚毫米波的方向性强，发射角小，如选择适当的波长范围，就能有效地克服大气中雨、雾等的强烈吸收和散射，实现地一空或空一空无线保密通信。

航天母舰

宇宙飞船型航天母舰:是航行在离地面3.6万千米的地球同步轨道上的一个巨大宇宙飞船。它的组成部分包括4架航天飞机、两艘太空轮船、一个轨道燃料库和一个太空补给站的航天舰队。航天飞机可在航天母舰上自由起飞与降落,太空补给站和航天母舰对接,在供应燃料后自行脱离。

飞翼型航天母舰:一种无机身,无尾翼,仅有机翼的飞行器。其结构简单,飞行阻力小,载重量十分大。于是,有的科学家建议利用空中若干个飞行的飞翼在空中对接而形成"航天母舰"。

飞艇型航天母舰:美国科学家设计的飞艇型航天母舰是一个巨型长艇。在飞艇顶部设有可供直升机和短距离起降飞机起降的跑道。飞艇由160部发动机推进,时速可达160千米。

地球航天母舰:在地球上起飞的飞行器要想飞往太空,就必须设法克服地心引力。而如果把机场建在靠近赤道的纬线上的话,飞行器的速度就会提高许多,这是因为在纬度为零的情况下,航天飞行器的速度等于火箭速度加上地球自转速度。于是人们想到在赤道附近国际海域建造一条大吨位的、能发射航天飞行器的军舰,实际上这就是一种航天母舰。

建造空间平台

　　太空是除大陆、海洋、大气层之外的人类第四生存环境。40 多年来，为了开发太空的高远位置、微重力、高真空、高净洁、太阳能等宝贵资源，全世界已发射了几千个航天器，其中绝大多数是卫星。然而，卫星或航天器也暴露出许多靠其自身能力难以解决的问题，影响了它的进一步应用。

　　例如，卫星及其有效载荷的重量和体积，受到运载火箭的运载能力和卫星整流罩尺寸的限制。20 世纪 90 年代，火箭的运载能力也只能达到近地轨道 15～25 吨，地球同步轨道 2～5 吨，而整流罩最大只能装载单一、小型的有效载荷，专用于某一目的，如通信卫星、气象卫星等。

　　此外，卫星是一种无对接系统的航天器，一旦上天，无法对其加注燃料、修换部件，所以卫星寿命一般只有几年。

　　为解决这些问题，20 世纪 70 年代中期美国科学家提出了空间平台的方案设想。

　　空间平台是一种能同时装载、运行多种有效载荷，并以"资源共享"的方式集中提供所需的公共设施(如电源等)和能接受在轨服务的大型空间结构物。

　　空间平台一般采用太空组装的建造方式，即把平台的构件分批送上太空，然后装配、调试、运行。因而其重量和尺寸可以不受限制。

空间平台与空间站的区别

在空间平台上装有对接系统,可接受航天飞机、宇宙飞船及轨道间飞行器等的在轨服务。此外,在空间平台上还可以建造空间工厂。空间平台与空间站,均可同时运行多种载荷,都可在轨接受服务,此外,在空间平台上可以建造空间工厂。

空间平台与空间站的本质区别在于空间站能长期载人,而空间平台是一种仅能受人短期照料的无人航天器。因此,空间平台没有由人带来的干扰、污染、费用高等问题,适合完成精度高、无污染、微重力非常小和有危险的飞行任务。而空间站上的人可随机应变,组装空间平台等大型航天器和大型有效载荷。

现在,还有一种方案是使空间平台和空间站用共轨方式或导轨方式组成一个系统,这样两者可取长补短相得益彰。

欧洲在 1983 年,首次用美国航天飞机发射和回收了世界上第一个空间平台 SPAS。苏联于 1987 年 7 月 25 日,发射了一个重约 17 吨的大型空间平台,用于观察地球资源和海洋。空间平台的研制成功及其广泛应用,将使人类开发太空的工作向前大大推进一步,会给我们的生活带来巨大影响。

发射天空实验室

阿波罗登月计划原定为 20 次，后来把最后 3 次改为"天空实验室"。"天空实验室"由阿波罗飞船和轨道工作舱两部分组成。轨道工作舱是由"土星—5"号火箭的第三级改装的，是宇航员生活和工作的地方。阿波罗飞船的任务是把宇航员送上轨道，并且和轨道工作舱对接，宇航员从阿波罗飞船进入工作舱活动。任务结束后，阿波罗飞船脱离轨道工作舱把宇航员送回地面。天空实验室总长 36 米，最大直径 6.5 米，重 82 吨。

"天空实验室"在轨道上共接待了三批宇航员，共 9 人。第一批宇航员生活 28 天，主要进行生物医学实验，鉴定轨道工作舱的性能；第二批生活 56 天，主要进行太阳观测和地球资源勘测；第三批生活 84 天，也对地球和太阳进行了观测，并且做了各种科学实验。

天空实验室原计划要运行到 20 世纪 80 年代，到那时将由航天飞机把它推到更高的轨道。但是由于太阳活动加强，使地球大气层上升，增加了"天空实验室"飞行的阻力，加快了轨道下降的速度，因此于 1979 年 7 月 12 日，坠落在南印度洋和澳大利亚西部地区。"天空实验室"从发射到坠毁，一共运行了 2249 天，绕地球 3.4981 万圈，航程 14 亿千米。

天空实验室任务

天空实验室主要的研究任务之一，是观察人在长期失重条件下到底会有什么反应。

为了查明失重会不会影响健康，例如心血管系统，由于心脏在血液失重情况下，无须克服重力抽泵，长此以往，会不会导致机能衰退，于是决定在"天空实验室"上安排三批宇

航员，按 4 周、8 周、12 周的时间递增，观察其健康的变化。结果发现，人体初临失重环境而引起的血浆损失，钙质消失和其他医学变化，在轨道中飞行大约 40 天之后便稳定下来。而且，宇航员在 20～30 天之后，便能够适应失重环境，自如活动。

"天空实验室"还承担着对太阳和地球的观测任务。"天空实验室"里安装了一台巨大的太阳望远镜，它用 8 个镜头，分别摄取了 1 万张太阳各方面活动的照片，大大丰富了人们对太阳的认识。宇航员们还承担着摄取地球资源照片的任务，他们用 13 个波段的多光谱遥感技术，获取了许多有关地球海洋、土地、森林、矿藏、海洋环流、飓风等宝贵资料。从 1973 年 11 月下旬起，"天空实验室"上的宇航员对科霍切克彗星进行了仔细的观测，获得许多在地球上所无法得到的珍贵资料。

发射载人轨道站

轨道站也叫空间站。它是可在太空长时间运行的载人航天器。轨道站在轨道上可与运送货物和宇航员的飞船对接,接纳多名宇航员在上面工作和生活。

轨道站主要由以下几部分组成:生活舱——宇航员食宿和休息的地方;轨道舱——宇航员的主要工作场所;服务舱——用来安装保障轨道站正常运行的各种系统和设备;专用设备舱——可根据不同的科研任务携带不同的设备,如天文望远镜、雷达等;太阳能电池翼——用来为轨道站提供能源;气闸舱——宇航员通过它出入轨道站;对接舱——用来停靠其他载人飞船和航天器。

轨道站是一个理想的科学研究场所。在那里观察天体和研究宇宙射线,不受地球大气的影响。在轨道站里监测地球,居高临下,可谓一目了然。在那里,可对长时间处于失重条件下的人体进行多种研究和试验,能直接为人类的航天活动服务。轨道站里还可以种植农作物,能为宇航员提供粮食、蔬菜和氧气。也可以办工厂,由于没有重力和空气的影响,炼钢时,钢水中的各种元素能均匀扩散、混合,从而得到在地球上不易得到的优质合金钢。制药时,由于失重可促进细菌繁殖,有利于生产出新药品。

"和平"号空间站

　　"和平"号空间站是苏联第三代载人空间站,也是人类历史上第 9 座空间站,被誉为"人造天宫"。它的设计工作始于 1976 年,1986 年 2 月 20 日发射升空。它由工作舱、过渡舱和服务舱组成。它有 6 个对接口,其中两个主要对接口位于轴线的两端,用来与载人及货运飞船对接。它在高 350～450 千米的轨道上运转,约 90 分钟环绕地球一周。

　　据统计,15 年来,"和平"号空间站总共绕地球飞行了 8 万多圈,行程 35 亿千米,共有 31 艘"联盟"号载人飞船、62 艘"进步"号货运飞船与"和平"号空间站实现对接,宇航员在"和平"号空间站上进行了 78 次太空行走,在舱外空间逗留的总时数达 359 小时 13 分钟。先后有 28 个长期考察组和 16 个短期考察组在上面从事考察活动,共有 12 个国家的 135 名宇航员在空间站上工作。这些宇航员共进行了 1.65 万次科学试验,其中完成了 23 项国际科学考察计划,获得了大量知识、数据和具有重大使用价值的成果。宇航员们还拍摄了许多恒星、行星的照片,进行了基本粒子和宇宙射线的探测,大大扩展了人类对宇宙的认识。他们还探测了从太空预报地震、火山爆发、水灾及其他自然灾害的可能性。宇航员在太空生活的经验为进行长期星际飞行提供了医学保障。

滞空最长纪录

人能不能适应长期的空间生活，这决定了人类能否离开自己的摇篮——地球。在这方面，俄罗斯医学博士波利亚科夫以自己的太空实践做出了肯定的回答。他于 1999 年 3 月 10 日，创造了在太空连续飞行时间最长纪录——437 天 18 小时的波利亚科夫返回地面。不可思议的是，他竟无须别人搀扶自己从飞船中走了出来。更令人吃惊的是，第二天，波利亚科夫就悠闲地在湖边散步了。在"和平"号空间站的 400 多天里，波利亚科夫尽管也遇到了体内钙流失、肌肉萎缩的问题，但是他一直坚持科学、严格、不懈地锻炼，相当程度上抵消了空间环境对人体的不利影响。这位医学博士给我们的启示是，不远的将来在征服太阳系行星的旅程中，人类完全可以以健全的身心状态实现长期太空飞行，并在抵达目的行星后迅速投入工作。

1999 年 8 月，俄罗斯宇航员阿弗迪耶夫完成 3 次共计 748 天 14 小时 13 分钟的太空飞行，创人类滞空最长纪录。

"和平"号在太空漫游了整整 15 年，而阿弗迪耶夫出众的心理条件、心理素质和学识使他成为"和平"号最忠实的朋友，先后三次进驻"和平"号。他不仅创下了迄今人类在太空逗留时间的最长纪录，而且为日后人类进行长途太空旅行提供了重要经验。

117

"和平"号坠落

　　"和平"号空间站在 15 年的太空飞行中可谓征途多舛险象环生。

　　1997 年 4 月，空间站的温度控制系统开始泄漏防冻剂，使空间站部分舱段温度很快上升到 30℃～40℃，宇航员们几乎用了 3 个月时间才找到并堵上所有的漏洞。

　　1997 年 6 月 25 日，"和平"号空间站与"进步 M—34"号货运飞船发生碰撞，几乎致命的这次碰撞导致"光谱"舱氧气外漏和空间站彻底断电。

　　据统计，"和平"号空间站上共发生过密封舱漏气、管道破裂、与地面失去联系等近 2000 次故障，其中约 100 次一直未能排除。

　　尽管"和平"号空间站几经起死回生，满目疮痍，要继续运行下去无疑会不堪一击。"和平"号空间站确实创伤累累，再也撑不下去了。这个重达 137 吨的庞然大物对地球轨道和地球居民的安全构成了严重威胁。它 70% 的外壳受到了创蚀，设备严重老化。空间站若发生事故，顷刻间会碎裂为成千上万个碎片，有的碎片会重达 700 千克，能轻易穿透厚钢板。就这样，2000 年 12 月，俄罗斯最终决定将其坠毁。

　　2001 年 3 月 23 日，"和平"号空间站成功坠毁于南太平洋，给自己的一生画上圆满句号。

建造国际空间站

　　1998 年 11 月 20 日，国际空间站的第一个组件——功能货舱"曙光"号在哈萨克斯坦的拜科努尔发射场升空，这标志着国际空间站在太空正式"破土动工"。随后，国际空间站的第二组件"团结"号连接舱于 12 月 3 日由美国的"奋进"号航天飞机在卡纳维拉尔角的肯尼迪航天中心发射升空。实现了与"曙光"号的对接。紧接着，美、俄火箭进行多次发射，运送舱段、设备等，使空间站初具规模，可供宇航员长期居住，并具备了开展科研工作的条件。

　　2000 年 7 月 12 日，俄罗斯成功地发射了国际空间站服务舱"星辰"号，并与空间站联合体顺利对接。

　　按计划，建成后的国际空间站将是个"太空中的城市"，成为人类在太空中长期逗留的前哨。空间站主结构长 88 米，首尾距离 110 米，体积为 1300 立方米，相当于两个波音 747 飞机的内部空间，内部气压保持在一个标准大气压。国际空间站将包括 6 个实验舱和 1 个居住舱、3 个结点舱等，总重量 500 吨。预计整个项目到 2005 年结束，空间站寿命在 15 年以上。

　　国际空间站是由美、俄、欧洲航天局 11 国和日本、加拿大、巴西等国共同建造。

国际空间站用途

一是微重力条件下的蛋白质晶体研究。太空中蛋白质晶体会比地球上生长得更纯净。通过对晶体的分析，可以更好地了解蛋白质、酶和病毒的性质，进而研究出新药和了解生命的基本构造元。

二是太空中生物反应器研究。在微重力条件下活细胞的体外生长可能会更容易些。空间站上的这项研究，将有助于寻找到治疗癌症和糖尿病的新方法。

三是对生命体的长期影响研究。处于长期微重力状态下，人体会出现肌肉萎缩、心血管功能降低和骨质疏松等。除对人体外，研究对象还包括植物、动物和生命细胞。

四是流体、火、熔融金属和其他物质将是空间站上的基本研究课题。

五是空间自然特性的研究。空间站上有十几个地方可用作外暴露实验。这些实验可以研究地球轨道环境和长期暴露对材料的影响，使未来的航天器设计师和科学家更好地了解空间的自然特性，并回答有关自然的一些基本问题。空间站是观测地球的最好平台。从轨道上观测地球，可研究地球上大规模长期的变化，有助于对森林、海洋和山脉的了解，能够研究火山、古陨石、飓风和台风对地球的影响，从而获得一个地面上不能获得的全球景象。

救生飞船

国际空间站建成后，可同时容纳 7 名宇航员在上面进行各种实验。为了保证宇航员的安全，将配备若干艘救生飞船。

2001 年 3 月 12 日，国际空间站的一艘"X—38"无翼救生飞船在莫哈韦沙漠上空由一架"B—52"飞机投放。9 分钟后，这艘无人驾驶飞船着陆成功。这艘试验飞船是在格林尼治时间 16 点 29 分通过翼下外挂梁释放的，当时"B—52"飞机的飞行高度为 7000 米。"X—38"救生飞船没有马达，它以"升力体"概念为基础，利用该飞船的空气动力外形本身来产生一般飞机从双翼得到的升力。这艘带有双垂直尾翼的"X—38"飞船在降落过程中采用了一种巨大的翼状降落伞。可控翼伞是在 4600 米的高度打开的。在这次全自动沙漠着陆过程中，工作完美无缺的是滑橇，而不是轮子。

所试验的这艘飞船是正在建造的几艘"X—38"飞船当中的第一艘。这些飞船用于为计划中的国际空间站进行"人员可返回飞行器"技术试验。

人员可返回飞行器是一种安装在空间站外侧的 6 人飞船。如果有人生病或发生紧急情况而又派不出航天飞机的话，这种飞行器将把机组人员安全送回地面。

建设航天港

航天港是通往月球和火星的跳板。航天港大大超过一般航天站。它同时可供飞船和航天飞机停泊。它们的位置不仅在地球的家门口——数百千米的近地轨道，而是更远的位于距地球3万多千米的稳定平衡点的地方。

为什么要建立许多航天港呢？原来从地球直接飞往月球和其他行星，在技术上和经济上都是不可取的。从地球到近地轨道航天港，必须使航天飞机加速到每秒钟8千米的速度，而直接从地球飞往月球，却要每秒钟11千米的速度。后面这样飞要花费更多燃料和动力，火箭要造得很大。

如果采用分段转运，先到达近地轨道，从近地轨道再到达地球同步轨道或稳定平衡点，然后再飞往更远的星体，只要每秒钟4千米左右的速度就够了。这样就可以采用结构简单、动力较小的轨道转运船来担任。这些轨道转运船有的使用月球采集的液氧作动力，有的使用太阳能电推进器作动力。

宇航员的选拔

　　随着航天事业的发展，今后进入太空工作生活的人将会越来越多。什么样的人可以成为宇航员呢?人在航天过程中，要经受加速度、噪声、振动、失重、高低温等不良环境因素影响，还要在这种不利环境下完成操纵航天器进行科学实验、观测等复杂任务，遇到意外事件时还需要果断地正确处理，所以对宇航员的选拔是很严格的。

　　宇航员负责每次飞行的指挥、安全、驾驶航天器及其对接和科学实验的实施等重要工作。航天专家认为，适宜于当宇航员的人，首选是空军飞行员，特别是歼击机飞行员。美国航天飞机机长、驾驶员的选拔条件是，必须是高性能飞机的驾驶员，而且有飞行 1000 小时以上的驾驶经验，试飞员优先录用。除飞行经验外，还要具备健康的身体，要符合美国宇航局的医学标准 I 级。飞行任务专家，也是职业宇航员，他们

的主要职责是在航天期间，完成预定的载荷工作，如舱外活动，操纵机械臂向太空释放卫星，将失效的卫星收回和修理，以及其他的一些科学实验。对他们的选拔着重是科学知识水平及工程技术实践经验，如必须具有工程学、物理学等方面的学士学位，有某一方面的工程实践经验，身体健康要求比机长、驾驶员要低一些，符合美国宇航局医学标准 II 级。

零重力人体反应

科学研究表明,零重力环境会对宇航员正常生理活动造成大规模的破坏。

一是脸部肿胀,眼睑增厚,鼻子堵塞。二是内耳平衡机制丧失,扰乱头脑和眼睛之间的信号传送,造成宇航员产生视觉幻觉。三是血液流动造成肿胀,心肌发生萎缩。四是回到正常重力环境后,心脏向头部输送血液会发生困难。五是体液上升至头部和躯干,肾脏误认为体液过量,开始排泄体液,降低血液、体液水平,抑制体内红细胞的产生量,发生空间贫血症。六是宇航员在空间对药物的吸收处理过程与地面时不同,平常的用药剂量已不再适用,难以测出宇航员返回地面时体内所含的药物正常剂量。七是脊椎伸长 3~6 厘米,这导致宇航员患背痛病和神经传导功能中断,并导致宇航员发生触觉障碍。八是肠梗阻、便秘。九是因骨质和体液损失,小腿萎缩达 30%,形成宇航员所谓的"鸡脚"。十是承重的肌肉不断消失。承重骨损失钙质,造成骨质疏松,增加了发生骨折的危险,宇航员的身体不断萎缩,并可能引起永久性的身高损失。十一是从骨中流失的钙质在此积聚并形成肾结石。十二是肾功能发生变化,小便减少,碳水化合物、蛋白质和脂肪的代谢加快。十三是在失重状态下,耳石随机浮动,丧失平衡机制,使人感到恶心欲吐,头晕目眩、身体疲劳、四肢无力、发烧和出冷汗。

建设人造空间

载人航天实践表明，载人航天器里采用与地面相似的人类已经习惯的 1 大气压氧氮混合气是最为理想的。美国载人航天初期使用的是 1/3 大气压的纯氧，这样虽然压力控制设备简单、重量轻、泄漏少，但十分容易起火。另外，呼吸纯氧对呼吸道、鼻窦腔和眼睛结膜都有刺激作用，特别是容易引起肺泡塌陷，出现肺不张现象，还会使机体内的抗体受到抑制，免疫力下降，对抗环境应激耐力显著降低。所以，美国后来补充了部分氮气，到航天飞机时便彻底改用了 1 大气压的氧氮混合气。

微小气候中的氧分压是以保持肺泡氧分压 95～115 毫米汞柱为前提，为此，氧分压值最好维持在 150～190 毫米汞柱。水蒸气分压为 75～13 毫米汞柱，即 30%～70% 的相对湿度。二氧化碳分压为 38～7.6 毫米汞柱，即 0.5%～10% 的浓度。适量的二氧化碳是维持体内酸碱平衡，保持正常生理功能所必需的。氮气约占 80%。氮气既作为氧的稀释剂，维持总压水平，避免减压病。因为氮的溶解度小，在肺泡内作为"填充物"缓冲氧气弥散，使其达到安全活动水平，同时又起着一种"夹板"作用，支撑着肺泡而不致塌陷。

微小气候的动态调节，全靠复杂的自动控制设备来维持，保证宇航员在这个小空间里遨游太空。

宇航员的安全

宇航员的安全问题是人们最重视的问题。经过从"实践"和失败中不断总结经验，经过科学家的不断研究和改进技术，目前，载人航天的安全与救生措施日臻完善。

由于载人航天器从发射台准备、发射、升空、入轨到返回是一个非常复杂的过程，在各个阶段都有其独特的环境条件，因而救生措施也各有特点。但是，从航天器起飞，即运载火箭点火直到超出可觉察的大气层这段时间是关键性阶段。在设计航天器时，必须提供一种有效的能独立发射的脱险装置。现在，有两种已实际应用：一种是弹射座椅方式，这与现代飞机里的带有防护罩的弹射座椅相似。在应急情况下，宇航员乘坐弹射座椅由救生火箭弹出，迅速脱离运载火箭与航天器。二是救生塔式，是一种整体救生的办法。利用安装在运载火箭前端的救生塔，借助于塔上的固体火箭推力，使宇航员的座舱与运载火箭分离，逃离危险区，然后控制座舱中的返回着陆系统按再入程序着陆。以上两种救生方案，适用于航天器在发射台上待发时以及在大气层飞行阶段。如果飞出了大气层，一旦运载火箭发生故障，则应执行航天器与运载火箭应急分离方案。分离后随即使航天器定向到再入姿态，按应急着陆程序返回。

安全第一

必须穿戴宇航服

　　在载人航天活动中,为了充分保证宇航员的生命安全和在极端恶劣环境条件下进行工作,除了有装备齐全的生活座舱外,还必须为宇航员提供一个方便灵活和独立密闭的生活小环境。为此,航天专家们就为宇航员设计了一种特殊服装,即通常所说的"太空服"。

　　太空服通常分为两种:一种是宇航员在航天器座舱里应急穿用的服装,称为"舱内活动太空服";另一种是供宇航员到座舱外面工作用的"舱外活动太空服"。舱内活动航天服,实际上是个备用的保险系统。因为航天器生活座舱本身具有完善的生命保障系统,宇航员一般只是在航天器发射和再入大气层过程中穿着这种太空服。在这期间,由于加速度、冲击、振动和噪声的作用,有可能引起航天器结构的破坏,或仪器设备发生故障,危及人的安全。太空服就像一个小太空舱,里面包含着氧气、水、气压和适当的温度,并有自动去除宇航员呼出的二氧化碳与排泄物的设备、测量心跳与检查健康的仪器以及无线电通信机。

　　太空服的加压装置使宇航员的身体能够保持正常的血压。宇航员如果不穿太空服,或不在加压的航天飞机或太空飞船里,在离地面8千米的高空,血液便会沸腾,使身体爆炸。

太空服安全保障

为了保障宇航员的绝对安全，设计宇航员到舱外活动穿的太空服，首先应有一层限制层，以防止太阳辐射和宇宙辐射线伤害；其次要有防寒保暖，通风换气的功能；最后是要有预防外来物撞击的功能。

舱内活动太空服至少有五层构成：第一层贴近衬衣的为液冷服，在尼龙布上粘着聚乙烯细管，管内有冷却水回流，以排除人体代谢产生的热量；第二层为气密层，由涂氯丁胶的尼龙织物构成，并通过管路与座舱氧源相接，有供氧、通风、加压的作用；第三层是限制层，是由尼龙丝或特氟纶丝编织成的网状结构，防止第二层加压后向外隆起膨胀；第四层是隔热层，是由多层的镀铝的聚酯无纺布构成，起防热辐射作用；第五层为外套，由抗磨损耐高温的尼龙等织物构成。舱外活动太空服除了应具备舱内活动太空服的基本结构和功能外，还要增添一个保护层，以防止微流尘的侵袭。该层采用涂有特氟纶的玻璃纤维织物。

此外，为了方便宇航员的出舱活动，在太空服上装备了一种背包式生命保障系统，可独自提供压力为 183～210 毫米汞柱的纯氧，有滤出二氧化碳等有害气体的净化装置及循环冷却等设备。还有通讯、姿控、推进等附属设施，从而成为一个完全独立的系统。

宇航员生理变化

每个宇航员飞行初期，都有明显的不适反应，主要是心跳速度在飞行加速时明显提高。据统计，宇航员起飞前，平均心跳每分钟 62 次，而飞行加速时达到每分钟 109 次，以后又下降稳定在每分钟 70 次。此时血液向头部集中，引起头胀鼻塞、面部浮肿、颜面潮红，伴有恶心感，严重的甚至呕吐。这种情况称为"航天病"。

据测定，宇航员飞行一天失钙 1%～2%，以骨骼中的钙缺乏最为严重。所以飞行回来的宇航员骨头会变得较疏松、较脆，容易骨折。宇航员尿中的钙含量为地面时的 3 倍，可见钙主要通过排尿而损失的。

飞行一次，宇航员体重会下降 4～6 千克。但返回地面一天之后，便能增加 2 千克，这和太空中人体容易脱水有关。太空飞行中，由于体液的失常和血液的再分配，因此，人体脱水不可避免。美国"阿波罗"号飞船登月舱驾驶员身体含水量比在地面时减少 2.5 升，而指令舱的驾驶员身体含水量甚至减少 6.9 升。

宇宙飞船绕地球轨道做圆周运动时，飞船上的人和物体处于失重状态。在失重条件下，会出现一些难以想象的奇妙而有趣的现象，这对人的生活、健康有着重要的影响。

宇航员付出的代价

苏联宇航员波利亚科夫前后共在太空滞留了 679 天，这位医学生物研究所副所长承认，太空生活的确会对人体健康产生不良影响。

研究人员用"失重病"来定义这种生理变化，人的心脏、血管、肝脏、肾脏和大脑在太空失重的条件下都发生静脉曲张现象，肺部则出现静脉淤血。失重可以引起人体各种令人不快的变化：有的人变得消沉；有的人什么东西都吃不下，总觉得恶心。

人体矿物质流失过多也是人在太空中的常见现象：盐分大量丧失。所以经过长时间的飞行，人看上去都极其柔弱。而一旦盐分丧失超过 25%，任何过猛的动作都可能造成骨折。幸好现在有了新式太空服、能为人体补充必需的维生素 D 的紫外线辐射器和一套锻炼身体的设备，这些都有助于人的骨骼在太空中保持应有的状态。

宇航员的听力在太空中往往会受到损害，因为轨道站上的噪声太大了，通常在 75～80 分贝之间，发生事故时，甚至会达到 110 分贝。而且，宇航员还受到慢性辐射，其辐射量比地球上大 1000 倍。太空飞行对宇航员的年龄几乎没有限制，只取决于宇航员个人的健康状况和飞行计划的具体安排。

宇航员太空生活

睡眠：宇航员睡的是带垫单的睡袋，四周有通气口，热了可打开。睡觉时只穿内衣。失重影响血液循环，脚部失血怕冷，要穿软底毛鞋保暖。睡袋扣在舱架上，以免飘动。

梳洗：宇航员早上用附有吸尘器的电刮胡刀刮脸。刷牙使用特制的牙膏和牙刷。洗脸则用一种特制的水枪冲湿一块海绵。这种海绵的吸附力很强，一擦脸部，即能吸走表皮的污垢。洗头时，把浸了润肤水的手纸贴在梳子上梳头，头就算洗干净了。10天淋浴一次。空间站顶棚上有一个大圆盘，上面有好几个水箱。开动电热器，圆盘上就降下塑料罩，形成一个圆柱形的浴室。进入浴室，穿上固定在地上的拖鞋，人就不会乱飘。把通浴室外的呼吸管套在嘴上，鼻子用夹子夹住，以免呛水。打开水龙头，清水从顶上徐徐淋下。

厕所：宇航员的卫生间内有真空小便池和抽水便桶。便桶内有带过滤底的塑料盒，粪便落入，橡皮阀迅速关上此盒，外包几层橡皮袋，投入废物箱，弹到太空，进入大气层后被烧毁。

休息：宇航员可以看书或欣赏音乐，书籍装在耐火的袋子里，音乐是事先录入立体声录音带里的。空闲时还可以看录像。通过电视电话同亲友"见面"，透过20个舷窗观赏太空美景。

进入太空长高了

3名宇航员在太空中生活半年后顺利地返回地球。他们走出机舱，前来欢迎的人们都十分惊异，因为他们的身材都比以前高了！经过检查，证实他们的身高都增加了3厘米。

我们知道，身高的增长主要是下肢骨的生长。一般来说，到了22~25岁，骺软骨就完全骨化了，骨的长度就不再增长，人的身高也就固定了。

这3名宇航员早就过了增长身高的年龄，怎么会一块都长高了呢？原来，我们在地球上，每天早上都比晚上要高1厘米左右。人体的骨骼是由一块块骨头组成的，每块骨头之间由柔韧的软骨连接起来。睡觉的时候，全身的骨头舒展开来，软骨处于放松状态，过了一夜，身体就"舒展"高了。而在白天，人不论站着、坐着、行走或工作，全身骨骼都要承受重量，软骨就被压缩，到了晚上，身体就会缩短一些。

太空没有引力，宇航员的软骨经常处于放松状态，难怪他们的身高增加了许多。他们回到地球上生活一段时间以后，会恢复到原来的身高。

宇航员血液减少了

在征服宇宙的探险中,发现了一个奇妙的医学现象。当宇航员在太空飞行时,血容量竟然会减少 20% 之多。

心脏管全身的血脉,是推动血液循环的动力装置。人们发现,这个专管血脉的心脏还是个比较灵敏的感觉器官,它的每次跳动都与大脑相通。美国学者对心脏的感觉功能进行了深入的研究,发现有三种不同的感受器分布在心脏中,另外还有一些感受器分布于血管和肺内。在这些感受器中,有两种分别通过微细的心迷走神经纤维网与延髓、下丘脑及中脑的心血管活动中枢联络,它们接受压力的刺激,从而监视血容量、血压和心率的变化。另一种感受器通过心交感神经与交感神经初期中枢相连接,并受控于心血管活动中枢,这种感受器接受伤害性刺激后,造成心脏交感神经紧张,从而在心脏病突然发作时发出疼痛的信号。因此,大脑对心脏的一切了如指掌。如果脑接收到异常的信息,就会发出信号予以纠正。当宇宙飞船飞入太空脱离地球引力的时候,宇航员便失去重力。由重力输送到下半身的血液便刺激了心脏的前两种感受器,发送信号到脑,脑便把"血容量过多"的指示传送肾脏,肾脏即通过排尿来减少血容量。

在太空生儿育女

苏联科学家已经将多种脊椎动物和非脊椎动物用人造卫星带进空间轨道进行了繁殖试验。在一次太空飞行中，果蝇就像在地面上那样进行交配，繁殖了子孙后代。失重并没有影响它们的繁殖能力。另一次，人们把在地面上受精后的鱼卵送进空间轨道，结果照样孵化出鱼苗。他们又送老鼠上天"结婚"，为了克服太空失重的不良影响，他们专门设计了"离心增重器"，让鼠

笼高速回转产生离心力代替地心引力，结果雌鼠在太空顺利怀孕和分娩。

美国胚胎学家蒂文·布莱克说，在航天飞机上所做的蟾蜍生育实验表明，脊椎动物（包括人在内）都能在失重的太空环境中生儿育女。实验证明，蟾蜍的受精卵在太空环境中可以顺利通过具有重要意义的生育初期的几个阶段。他说："人类受精卵也要经过这几个发育阶段。"

美国宇航局科学家肯尼思·索莎说，"这项研究支持了这样一种观点，即人类终有一天会在太空环境中生儿育女的。"

宇航员也会遭遇意外

人在太空中死亡与在地球上死亡究竟有没有不同？美国航天专家认为，由于太空环境不同，死亡的情形也不同。

宇航员在太空中飞行，完全依靠太空服来保护身体。若太空服被损坏，用以维持内脏压力的气体便立刻外泄，宇航员就会大难临头。肺内空气一会儿就被抽空，血液中的氧气也同时消失，人感到头晕眼花顷刻间一命归天。死亡后体液继续被蒸发，最后变成一具干尸。

在地球上由于受到大气层与磁场的保护，人体虽受到太阳光的辐射，但吸收的辐射量特别少，也就没有什么异常反应。但是，在太空里，太阳光发出的辐射量高达 1000 拉德（辐射量单位），为人体在地球上吸收辐射量的 5000～6000 倍。宇航员假如暴露其中，会感到剧烈的疼痛，出现腹泻呕吐，一周内可能烧伤致死。

宇宙飞船在太空中飞行，宇航员可因吸入过多的二氧化碳或因缺氧而死亡，也可因气温骤降而冻死。1971 年 6 月 30 日，苏联"联盟—11"号宇宙飞船，在返回地球时，因为一个气压活门失灵，船舱中的氧气霎时全部外泄，导致沃尔科夫、多勃罗沃尔斯基、帕查耶夫 3 名宇航员在着陆前死亡。

宇航员体育锻炼

当宇航员在太空中航行一个星期后返回地球的时候,宇航员出现了"起立性低血压症",而且身体都比较虚弱,甚至连飞船的舱口也出不了,需要人扶着他们出舱。造成上述现象的主要原因,是由于宇航员长期停留在太空失重的环境中,身体产生脱钙,从而使骨骼变得疏松,肌肉也软弱无力。

那么,怎样才能克服这种现象呢?科学家找到了解决的办法。除了在宇航员食物中增加钙、磷、钾和维生素 D 外,在太空中必须进行必要的体育锻炼。但是,人体在太空中出现失重现象而飘浮在空间,双脚很难落在舱底。在这种情况下,又怎么能进行体育锻炼呢?

宇航员可以利用弹簧进行身体锻炼。比如让宇航员坐在椅子上,将身体固定好以后,用手和脚反复推拉一种特制的弹簧器材;也可以用双手双脚或者一手一脚分别拉弹簧器材的两头;还可以用具有较好弹性的橡皮带将四肢固定后,两臂分别或同时向下、向左、向右拉橡皮带;或者用双脚、单脚往上拉橡皮带等。利用人体肌肉的颉颃作用来进行身体锻炼。如用双手五指交叉,进行对拉、拉推或者互拉;还可以双手拉脚而脚用力往前伸等。还可以利用双手推、拉或者打击悬挂在舱内的重物,以达到锻炼身体的目的。

在太空食而无味

今天宇航员的食品除更加丰富、卫生、安全外，还增加了各种调味品，如盐水、胡椒水、热酱汁、番茄酱、芥末等。此外还有各种小吃，例如果仁小甜饼等。

尽管如此，宇航员在太空进食，仍然觉得太空餐味同嚼蜡，提不起食欲。那么，是什么原因使太空人食而无味呢？目前，科学家认为，出现这种情况的原因是：

在航天飞机里，由于气压比地面低得多，食物的气味分子不易扩散，故吃东西时嗅觉感受到食物的香气很少，只有舌的味觉能起作用，所以食物之美味就打了折扣。

人在失重状态下吃东西时，血液未能像在地面上时那样比较容易集中于消化系统，所以影响了消化，因而食欲也较差，食欲差又反过来影响嗅觉和味觉功能，故食而无味。波兰博士巴拉斯基对这一问题又提出了新的看法。在对苏联宇航员进行长期的太空航行生理观察和研究后，巴拉斯基指出，太空飞行能使人体的内分泌和新陈代谢发生改变，并由此影响味觉器官的正常功能。他和同事们在"联盟—30"号和"联盟—31"号飞船上用一种电子味觉器来测量宇航员的舌头上的味蕾的感受能力，结果发现在太空中的人们的"味觉阈值"要比地球上人们高得多，也就是味觉大大迟钝了。

空间生命科学

空间生命科学是利用航天技术在宇宙环境中对生命现象进行研究的一门学科，研究对象包括微生物、植物、动物及人类本身。它经历了 3 个发展阶段：20 世纪 50 年代是以高空生物火箭探测实验为主，用火箭把生物送到高空，研究生物在高空、高速飞行条件下的适应性与承受能力，以及超重、失重、宇宙辐射等因素对生物生理功能的影响；20 世纪 60 年代是以生物卫星和载人飞船实验为主，研究如何确保宇航员的健康飞行和安全返回，了解太空环境对生物，特别是对人体的影响；从 20 世纪 70 年代起到 80 年代是利用空间站和航天飞机研究长期空间环境对生命体的影响并探索空间生物制品、药品、材料的加工工艺和生产；20 世纪 90 年代建成的载人空间站，具有运行时间长、乘员人数多、容积大等优点，推进了空间生命科学的发展。

科学家已发现空间环境对生命的影响主要来自失重、宇宙辐射以及没有昼夜变化的节律、温度、噪声等因素。研究表明，生物种族的进化时间越长，受失重影响就越大。失重可使生物早期胚胎出现畸变。人体在太空中的主要生理反应是航天运动病、心血管功能失调、骨骼脱钙、肌肉萎缩等。而这些生物的病因是一个重要的研究课题。

宇宙飞行机器人

大型宇宙设施的构筑，可将工厂搬入太空，在无重力的真空中冶炼新材料；可将实验室搬入太空，在无大气层阻挡的条件下观察，发现更多的大自然奥秘；还能在太空中修建庞大的太阳能发电站，将取之不竭用之不尽的太阳能源源不断地送回地球。然而，大型宇宙设施毕竟不同于轨道空间站，其建设和维护的工作量是目前的宇航员舱外活动所无法承担的。大型宇宙设施的建设不但工作量极大，而且具有较大的危险性，需要考虑到宇航服的劣化问题、辐射对宇宙员的不良影响问题、生命维持装置可能出现的故障问题以及宇航员与卫星、机器人、工具等可能发生的碰撞问题等，而且如果将大量工作人员送入太空，其耗资也是巨大的。

基于上述原因，科学家正在研制宇宙飞行机器人。

宇宙飞行机器人在无重力的太空中完成建设和维护工作，其运动方式和控制方式都与地面机器人有很大区别。宇宙飞行机器人平时飘浮在太空中，依靠其自身携带的推进器完成平移和旋转运动。宇宙飞行机器人受惯性力和其他物体对它的反作用力影响十分严重，例如，机器人工作时腕部的振动会引起机器人主体姿态的变动等，这些都是它与地面机器人的不同之处。

太空高真空环境

在高度真空环境中，由于没有空气和灰尘，可以进行高纯度、高质量的冶炼、焊接，分离出一些物质。高真空的环境还有它的特殊用途，就拿稀有金属铌来说吧，这种金属有许多优异的特性，在炼钢时加一些铌铁进去，就可以炼出具有良好耐热性的低合金高强度钢。例如，碳化铌同碳化钨、磷化钽配合，可以制超级硬质合金；铌酸盐类单晶可以作为激光和红外探测的元件材料。当然铌最有前途的应用是在超导领域。像铌钛、铌锗、铌锡、铌镓等合金，在低温下都会出现直流电阻突然消失的超导现象。可是铌是高熔点金属之一，它的熔点高达 2468℃，所以冶炼时往往采用阴极电子枪发射电子，对它进行轰击熔化。不仅如此，铌还有一种非常奇怪的"脾气"：在常温下它的性能相当稳定，但在高温时能吸收氧、氢、氮等气体。当把它加热到 300℃以上，就要大量吸收氢，最多时它"吃进"的氢气比其本身体积要大几百倍。吸氢后，铌就会发脆，失去实用价值。所以熔炼铌时，不仅要高温还要高真空。真空度越高，炼出来的铌纯度就越高，性能也越好。具有这种性能的稀有金属还有钽，所以科学家认为，把铌和钽的冶炼放在太空进行，铌和钽才会得到真正的开发。